HÉRITAGES SAVANTS

Tome 1 : De Nollet à Gay-Lussac

ERIC JACQUES

ISBN: 1530769892
ISBN-13: 978-1-5307-6989-6

DU MÊME AUTEUR

Les Savants Aventuriers

REMERCIEMENTS

A Sandrine, Patrice et Jean-Paul,

A Sébastien et Arnaud

TABLE DES MATIÈRES

INTRODUCTION

Ce livre s'intéresse à la transmission des savoirs entre professeurs et élèves. Que fait un disciple remarquable du savoir de son maître incomparable ? Va-t-il s'en servir pour progresser et enseigner à son tour ? Va-t-il le revendiquer, se l'approprier et le préserver fidèlement ou le transformera-t-il pour le rendre à la fois meilleur mais aussi plus accessible ? C'est à ces questions que nous allons tenter de répondre. Á Paris, tout d'abord, à l'Académie des Sciences, où Nollet, ami et assistant de Dufay et de Réaumur, va devenir un maître dans l'art de la démonstration scientifique qui va déboucher sur la naissance de la physique expérimentale en France. Que feront ses élèves, Monge et Lavoisier, de ce savoir ? Et les scientifiques qui vont les côtoyer et étudier auprès d'eux à leur tour ?

De la filiation entre maître et élève, professeur et disciple, il devient possible de suivre l'évolution d'une invention, d'une découverte, d'une théorie, au fil des générations. En Suède, la chimie nait au Bergskollegium, l'École Royale des Mines où les premiers maîtres en analyse chimique vont devenir outre des chercheurs et des découvreurs d'éléments, les premiers professeurs à enseigner la chimie (presque moderne). C'est un véritable savoir-faire qui se transmet entre chercheur et élève-enseignant qui va faire de la chimie suédoise une référence pour les chimistes du temps de Lavoisier.

La transmission est ici généralement assumée. Dans le cas de Newton, le philosophe alchimiste, le cas est un peu plus compliqué. Il y a les disciples qui possèdent la reconnaissance du maître (mais qui sont de piètres physiciens au sens moderne), ceux qu'il ne reconnait pas (mais qui vont comprendre presque mieux que lui la potentialité de ses théories) et enfin ceux qui vont s'inscrire à la fois dans la continuité mais aussi le perfectionnement

INTRODUCTION

de la philosophie newtonienne afin de la transformer en une science théorique mathématisée, expérimentale et démonstrative !

Le cas de la transmission d'une théorie d'un professeur à son élève que celui-ci réfutera n'est pas isolé. En Allemagne et en Angleterre, la théorie du phlogistique et celle des affinités auront leurs supporters et leurs détracteurs. A Berlin, à l'Oberkollegium et à l'Académie, les chimistes fondateurs de la chimie allemande auront aussi à statuer sur la théorie de Lavoisier. Qu'en feront-ils ? Adopteront-ils la posture de leur ancien maître ou la renieront-ils pour celle d'un chimiste qu'ils ne connaissent pas ? Après cette incursion outre-Rhin, il sera temps pour terminer de voir comment en France la chimie moderne, après son apparition, devint transmise et diffusée par les grands professeurs du début du XIXᵉ siècle.

Ce livre qui fait donc la part belle à la transmission, reste cependant un livre d'histoires, même si cette fois, pour agrémenter de manière plus concrète le propos, j'y ai parfois inclus quelques formules, qu'elles soient chimiques, physiques ou mathématiques. Le lecteur, qu'il en soit l'habitué utilisateur ou le profane non initié, pourra dans les deux cas, les considérer comme ornementales et y avoir été disposées pour susciter l'évocation du savoir scientifique des savants. Pour le reste du voyage, de Paris à Moscou, de Leyde à Berlin, de Göttingen à Come, j'espère qu'il ne sera déçu, ni par ces héros ni par les aventures qu'il lui reste maintenant à découvrir…

Eric JACQUES,
METZ,
23 septembre 2016

I : L'HÉRITAGE SAVANT DE JEAN-ANTOINE NOLLET

Quel est le savant héritage de Nollet ? A cette époque lumineuse où chez le même esprit résolument moderne, science et religion faisaient bon ménage et se côtoyaient en grande intelligence, Nollet, à l'instar d'autres abbés célèbres comme Haüy et Fourier, va léguer à la science française un grand héritage qui va profondément changer la perception même de la manière d'enseigner et de diffuser le savoir scientifique.

Passeur de savoirs, Nollet va utiliser tous les moyens modernes de son temps pour rendre les sciences accessibles et attrayantes. Il a dans cet art, la chance de pouvoir côtoyer un autre passionné, l'ancien capitaine d'artillerie Charles Cisternay du Fay qui après avoir donné du mousquet sur les champs de bataille, s'était illustré en grand intendant, en organisateur hors pair et en académicien passionné par l'électricité. Du Fay appréhende donc les sciences par l'expérience, une tradition qu'il va transmettre à Nollet.

Après un tour d'Europe où il va rencontrer les autres grands expérimentateurs de son temps, Nollet va devenir un physicien incontournable, tout d'abord de par ses travaux scientifiques mais surtout par la manière dont il va enseigner et diffuser les sciences physiques qui à sa suite vont devenir expérimentales.

Formés à cette méthode, ses deux étudiants les plus célèbres sont Lavoisier et Monge. Monge, professeur à l'École polytechnique va former nombre d'étudiants illustres qui seront tant ses héritiers que ceux de Nollet.

Et par leur approche à la fois théorique et expérimentale de la physique et de la chimie, c'est bien cet héritage savant qui va se transmettre de génération en génération…

JEAN-ANTOINE NOLLET
(1700 – 1770)

Dans la Galerie des Glaces du Château de Versailles, ce 14 mars 1746, Jean-Antoine Nollet s'apprête à faire entrer d'une manière spectaculaire les sciences physiques dans l'histoire de la cour du roi Louis XV.

Nollet demande aux 140 gardes royaux de former une chaîne humaine. À un bout de celle-ci, Nollet est en contact avec une jarre en verre simplement remplie d'eau, la fameuse bouteille de Leyde. La chaîne se ferme. La bouteille qui fut en contact avec une machine électrostatique produit une décharge électrique qui parcourt l'assistance et fait sursauter la garde royale à la grande joie des courtisans et des notables de la cour. Célèbre vulgarisateur et démonstrateur des expériences d'électrisation, Nollet était aussi capable d'arracher des étincelles de la jambe d'un spectateur ou de lui dresser les cheveux sur la tête. Quant à la bouteille, il confiera lui-même qu'à son contact, elle délivrait une telle décharge que c'est une expérience qu'il évitera de refaire si possible ! Mais à la cour de Louis XV, le public qui eut le plaisir de voir la garde ainsi sursauter, en fut bien évidemment ravi ! Et voilà bien l'une des grandes réussites de Nollet, homme de basse extraction, remarqué pour ses talents scientifiques et appelé à devenir à la cour et auprès du roi un personnage d'importance.

Académicien des sciences et donc grand représentant sous l'autorité du roi et devant ses pairs de la grandeur du savoir scientifique français, Nollet se destine tout d'abord à une carrière d'ecclesiastique et monte donc à Paris pour y suivre des cours. N'ayant pas les ressources qui lui permettraient de vivre richement et de profiter des distractions parisiennes, il trouve une place de professeur particulier auprès du greffier de l'Hôtel de ville, ce qui lui permet d'assurer d'avoir le gite et le couvert.

Nollet pourra-t-on dire s'intéresse à toutes les philosophies. Celle de Dieu mais aussi, celle que l'on nomme naturelle et que l'on appellera plus tard, la physique. Toujours intéressé autant par les arts et les sciences, Nollet obtient ainsi qu'un petit laboratoire (qui lui servait autant à la physique qu'à la chimie) soit monté à l'Hôtel de ville, dispositif peut-être rudimentaire mais qui va lui permettre de faire quelques expériences

Devenu bachelier devant la faculté de théologie, il est fait diacre en 1727. L'année suivante, profitant de sa bonne réputation, il est enrôlé dans la Société des Arts, un cénacle parisien qui regroupe des artistes et des philosophes ainsi que quelques académiciens des sciences comme le jeune prodige des mathématiques, Alexis Clairaut et le chevalier alchimiste Charles-Marie de La Condamine qui vont tous deux jouer un rôle dans la création du mètre[1].

Il est plus que vraisemblable que c'est au contact de ces scientifiques que Nollet fait montre de son talent. Pour l'académie des Arts et des Sciences, il fabrique deux globes terrestres sur lesquels il publie l'art et la manière de les construire (1730). Le lieutenant Cisternay du Fay, membre de l'Académie des Sciences en tant qu'associé chimiste prend alors Nollet sous son aile et en fait son assistant.

Du Fay entra d'abord au service de l'armée, fit plusieurs sièges militaires puis fut promu capitaine avant de prendre un peu de distance avec les armes pour s'intéresser aux sciences. Il devint en quelque sorte chargé de mission à l'Académie de Sciences en tant qu'adjoint à la classe de chimie[2]. Du Fay s'occupa alors d'électricité statique par frottement et de phosphorescence avec tant de brio que les académiciens d'une part et le roi d'autre part reconnurent son talent certain pour l'expérimentation.

En 1732, du Fay est nommé premier intendant du Jardin des Plantes, au service de sa majesté. Il est également à Londres où il rencontre le physicien Stephen Gray qui va en partie influencer du Fay et lui permettre d'édifier une intéressante théorie de l'électricité.

---

[1] Alexis Clairaut accompagnera Maupertuis lors de la mesure du méridien terrestre entre 1735 et 1736. La Condamine partira de son côté au Pérou, ne revenant que bien plus tard, en 1742 et en ramenant de ses aventures une nouvelle matière, le caoutchouc. Ces expéditions permirent de définir la valeur de la méridienne terrestre et de la toise du Châtelet.

[2] Du Fay fut nommé adjoint chimiste en 1723 puis associé en 1724 avant d'être pensionnaire en 1731. Le grade de pensionnaire est le plus élevé des membres de l'Académie.

Au début du XVIIIe siècle, on ne connait des phénomènes électriques que leurs manifestations naturelles et mécaniques obtenues par polarisation de différentes surfaces par frottements. Les spécialistes dans le domaine, capables de fabriquer ce qu'on appelle des machines électrostatiques, sont l'Allemand Otto von Guericke (1602 – 1686) et l'Anglais Francis Hauksbee (1660 – 1713). Pour fabriquer une machine électrostatique il faut prendre une sphère de verre ou de soufre et la faire tourner rapidement en contact avec des balais qui vont pouvoir lui arracher de l'électricité. A Magdebourg, l'éminent bourgmestre Guericke qui était également un facteur d'instruments et un expérimentateur de talent (on lui doit entre autres des modèles assez efficaces de pompe à faire le vide et une expérience célèbre de sa mise en évidence) avait réussi à fabriquer des modèles de machine électrostatique d'assez bonne facture et qui furent par la suite améliorés par Hauksbee[3].

Deux genres d'expériences sont alors faites : la polarisation et la décharge. Durant la polarisation, on met un sujet en contact avec la sphère sans qu'il ne touche le sol (afin que l'électricité ne puisse se décharger). Dans le cas de la décharge, le courant traverse le sujet lui laissant l'impression d'une vive commotion ! La machine de Guericke permettait par exemple d'atteindre des tensions estimées à 30 000 V !

Le physicien Stephen Gray (1666 – 1736) nous rapproche de la période à laquelle du Fay puis Nollet vont produire des résultats significatifs dans le domaine de l'électricité. Comme nous allons le voir, c'est Gray qui mit en évidence

---

[3] Francis Hauksbee, fils d'un drapier anglais fut quant à lui recruté pour devenir l'assistant de laboratoire de Newton. En 1703, devenu le facteur d'instrument de la Royal Society, il s'occupe d'améliorer non seulement les modèles de pompe à vide de Guericke mais aussi la machine électrostatique dont il réussit à tirer des étincelles.

l'existence des corps électriques isolants et conducteurs (1729).

Comme il joue un rôle particulier dans la succession scientifique de Nollet, puisqu'il va lui transmettre une partie de son héritage, nous allons le présenter rapidement :

Gray commença sa carrière comme apprenti dans un marché de teinture pour tissus. Passionné d'astronomie, il réussit à construire son propre télescope et à faire quelques observations du soleil qui lui valurent d'être publié dans les bulletins de la Royal Society.

Fort de cette reconnaissance, Gray correspondit avec John Flamsteed, le premier Astronome Royal d'Angleterre et ils devinrent amis. Il ne tira cependant aucunement parti de cette connaissance dont l'influence était éclipsée à cette époque par celle d'Isaac Newton, devenu directeur de la Royal Society et qui usait de ses prérogatives pour faire pression sur Flamsteed afin de lui faire céder ses mesures de positions des astres dont il avait besoin pour compléter ses travaux sur la lune.

Flamsteed dut d'ailleurs céder sa place d'astronome à un autre ami de Newton, Edmund Halley. Il souhaitait maintenant construire un observatoire afin de lancer une campagne de mesures sur la cartographie du ciel. Ce projet devait voir le jour à Cambridge, l'observatoire royal se trouvant à Greenwich, et Gray fut appelé à y travailler. Malheureusement pour Gray, à l'époque où il se rend à Cambridge, la situation financière de l'observatoire est loin d'être florissante et Roger Cotes, un ancien élève et à présent précieux collaborateur de Newton (notamment dans l'écriture de la seconde édition des Principia[4]) ne semble pas à la hauteur de ses charges administratives.

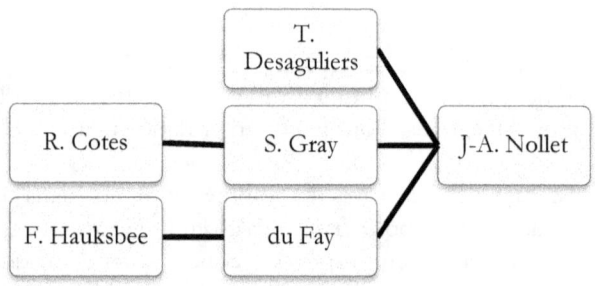

Ascendance scientifique de Nollet (1700 – 1770)

Isaac Barrow fut le maître de Newton à Cambridge. A sa suite, Newton eut donc deux étudiants qui eurent des postes importants. Théophile Desaguliers, facteur d'instruments à la Royal Society après Hauksbee et Roger Cotes qui gagna un poste d'astronome à l'observatoire de Cambridge. Ces deux héritiers du savoir expérimental de Newton le transmirent à Wilhelm s'Gravesande aux Pays Bas et à Stephen Gray auprès duquel vint s'initier Nollet.

La mauvaise gestion de l'observatoire provoqua sa fermeture et Gray dut retourner à Canterbury travailler dans les teintures. Il profita cependant des leçons publiques de Théophile Desaguliers pour approcher ce grand vulgarisateur scientifique à qui Newton proposa une place de démonstrateur suite au décès de son ancien collaborateur Francis Hauksbee (1713). Desaguliers qui tenait un

---

[4] C'est cette édition, formulée entre 1709 et 1713 qui contient la théorie lunaire, la loi de la gravitation, l'explication des équinoxes mais aussi celle de la rotondité de la Terre.

pensionnat pour gentlemen versés dans les sciences y embaucha Gray comme orateur. Dans cette pension de famille, on recevait les amateurs de sciences à qui l'on proposait des échanges constructifs et édifiants. Cependant, avec la démolition de cette pension pour construire un pont, Gray se retrouva de nouveau sans emploi et dut retourner à de menus travaux.

Cependant, en 1729, Gray fait des expériences décisives sur l'influence des matériaux sur le comportement de l'électricité, l'isolation d'un plan de travail par la soie et l'inertie électrique du liège. Poursuivant l'année suivante, il communique en 1730 sur ce que Desaguliers appellera « les conducteurs et les isolants » électriques.

L'heure de la reconnaissance tardive, loin de l'ombre oppressante de Newton (décédé en 1727) est arrivée pour Gray. A la tête de la Royal Society, sir Hans Sloane dont la réputation de mécène au service des scientifiques n'est plus à faire, vient donc en aide à Gray, financièrement tout d'abord puis en promouvant son travail, comme il le mérite. Récompensés deux ans de suite par la médaille Copley (1730 et 1731 pour ses travaux en électricité sur la conductivité et sur l'induction), il est fait membre de la Royal Society en 1732.

C'est cette même année que Du Fay est à Londres pour assister aux expériences de Gray et les ramener en France. Du Fay, met alors au point une théorie des fluides électriques, identifiés par deux types d'électricité, l'électricité vitreuse et l'électricité résineuse (*De l'attraction et de la répulsion de deux corps électriques*, 1733). Elle préfigure l'idée de l'existence de deux types de charges électriques, qui deviendront plus tard les charges positives et négatives. Cette dénomination sera cependant inspirée des travaux d'un autre expérimentateur, Benjamin Franklin[5].

En 1733, du Fay publie ses résultats. La même année, René-Antoine Ferchault, comte de Réaumur (1653 – 1757), académicien des sciences, encyclopédiste et entomologiste français, engage Nollet pour devenir le directeur de son laboratoire. A l'époque, Réaumur est une autorité reconnue à l'Académie des Sciences et un savant célèbre auprès du roi. Sa réputation d'encyclopédiste avant l'heure et ses multiples nominations comme président et vice président de l'Académie des Sciences (plus d'une quarantaine de fois en tout) montre qu'il est un personnage incontournable des sciences françaises.

Avec l'invention remarquable qu'il a élaborée en 1720, le thermomètre à 80 degrés, Réaumur prédispose son nom à prendre place pour la postérité. Jusqu'en 1794, c'est le degré Réaumur que l'on utilise pour mesurer la température ! Seul problème, les thermomètres de Réaumur sont loin d'être pratiques à fabriquer et surtout à déplacer.

Dans le laboratoire de Réaumur, Nollet modifie les gigantesques thermomètres de l'académicien. Le degré Réaumur est la division verticale d'une colonne en verre remplie d'alcool entre deux ballons. La hauteur formée étant une échelle divisée en 80 degrés, c'est un degré octagésimal[6] qui caractérise cette échelle de température. La

---

[5] Les expériences bien connues de Franklin, notamment à l'aide d'un cerf-volant, vont l'amener à considérer l'existence d'un fluide électrique aux extrémités duquel naissent des charges positives et négatives.

[6] Le degré d'Anders Celsius représentera quant à lui l'écart entre deux points dont la distance sera divisée par 100, ce qui lui donnera sa dénomination de degré centigrade ou centésimal. A la Révolution, seul le second terme sera conservé. En effet, avec la création des préfixes subdivisant l'unité et notamment

taille standard d'un thermomètre de Réaumur est d'environ 1m50 ! Pas de thermomètre portatif comme aujourd'hui.

Nollet va donc s'employer à miniaturiser ces imposants appareils à alcool d'1m60 de haut et coiffés par des boules de 10 cm et en faire des tubes de 30 cm, bien plus proches en apparence des thermomètres à alcool que l'on utilise encore d'aujourd'hui.

En 1734, du Fay part pour Londres et emmène Nollet avec lui. Tous deux font partie d'une mission scientifique partie étudier les propriétés du bois et sa résistance. Nollet et du Fay vont également à la rencontre de Theophilus John Desaguliers, l'ancien démonstrateur de Newton. Desaguliers était célèbre pour son cours de philosophie expérimentale et fut l'un des premiers à propager les idées de Newton en Angleterre. Héritier des travaux de Gray (il utilisait tout comme lui le mot conducteur pour les corps qui se laissaient traverser par le courant électrique) et de Hauksbee, qu'il remplace comme démonstrateur à la Royal Society en 1713, c'est également un personnage remarquable de la physique expérimentale de son temps dont les talents seront reconnus jusqu'en Russie où il alla fabriquer une machine à vapeur pour lever l'eau des fontaines du tsar (1717).

De retour à Paris, les importantes charges qui accablent du Fay au Jardin du Roi dont il est devenu l'intendant, commencent à le détourner de l'électricité statique qu'il délaisse au profit de la botanique et de l'étude de la

---

celui la divisant en cent, le degré centigrade viendra à être confondu avec le centième d'une unité de mesure d'angle en vigueur à l'époque, le grade. Voilà pourquoi il existe aujourd'hui deux adjectifs pour décrire le degré de Celsius qui est autant centigrade que centésimal.

biréfringence.

Nollet de son côté, en profite pour ouvrir un cours de Physique Expérimentale (1735), début de sa carrière de professeur et de vulgarisateur des sciences. Après avoir rencontré deux autres spécialistes dans le domaine en 1736, les Hollandais Gravesande et Musschenbroek, Nollet est de plus en plus persuadé qu'il faille non seulement vulgariser les sciences physiques mais permettre à chacun de pouvoir en disposer chez soi. C'est une partie de ses travaux d'écriture de son Programme d'un Cours de Physique Expérimentale (1738) et de ses leçons de Physique Expérimentale (1743).

Reçu à l'Académie des Sciences à la mort de Du Fay (1739), il est appelé la même année par le roi de Sardaigne qui lui demande de lui donner des cours de cette nouvelle physique. Le roi commandera dans la foulée la construction d'un cabinet de physique expérimentale possédant le même matériel que celui que ramena Nollet pour faire ses démonstrations. La même demande sera faite par l'académie de Bordeaux, qui souhaite également s'équiper et Nollet sera chargé de la conduction des travaux pour la fabrication des pièces.

A cette époque, Nollet se sent suffisamment fort pour prendre officiellement la suite de son défunt mentor du Fay en tant que démonstrateur et spécialiste de l'électricité (Volta sera parmi ses correspondants). Nollet voit alors dans la foudre sa manifestation naturelle. Il montre que le son peut se propager dans l'eau, découvre le phénomène d'osmose (1748) et doit subir quelques controverses sur ses travaux notamment de la part de Benjamin Franklin qui lui en discute la priorité. Benjamin Franklin à qui l'on doit quelques expressions disparues comme « masse électrique » et « feu électrique » ou encore « électricité positive et négative » inventa également le paratonnerre en (1752). Ses discussions à l'encontre des innovations de Nollet n'empêchèrent pas notre héros de poursuivre sa carrière éclatante.

Cependant, après la parution de « 8 Leçons de Physique expérimentale » qui contient sa théorie reliant tonnerre et électricité (1743), Nollet est appelé à la cour pour tenir le rôle du professeur, une fois de plus mais cette fois au service de la famille royale, du dauphin tout d'abord puis de sa sœur ensuite (1744 – 1745). Les cours passionnant donnés par Nollet engagent le roi à le faire paraître à la cour et à y faire montre de son talent dans l'art de la démonstration scientifique.

Sa renommée grandissant encore, il est à l'initiative de l'ouverture de programmes de physique expérimentale dans les universités qui ne tardent pas à se doter d'une chaire de physique du même nom. Cette physique devient également au programme dans les écoles tenues par l'Eglise. A Paris, plusieurs chaires et plusieurs enseignements se développent alors.

En 1746, année de sa spectaculaire démonstration dans la Galerie des Glaces, Nollet publie enfin un ouvrage concentrant ses idées et théories sur l'électricité qu'il nomme tout simplement « Essai sur l'électricité ». Voici Nollet devenu l'héritier des philosophes qui avant lui se sont intéressés à cette matière mystérieuse et ont transmis leurs connaissances, leurs expériences et leurs théorie sur le sujet. Dans cette généalogie électrique, on prête à Otto von Guericke le rôle du dynaste scientifique et à Hauksbee et Gray, celui de ses fils spirituels, rares savants qui s'intéressèrent en profondeur à cette discipline. Hauksbee et Gray que rencontrèrent à la fois le mentor du Fay et son disciple Nollet, voilà l'ascendance de notre héros tracée et ses idées empruntes de ses prédecesseurs prêtes à être dévoilées.

L'électricité de Nollet est double. Elle concerne deux flux l'un quittant le corps électrisé et l'autre y pénétrant. Nollet nomme ces deux électricités, matière effluente et matière affluente. En indiquant qu'il est possible de voir comment la poussière ou les étincelles sont chassées ou happées, l'on devine les lignes tracées par ces courants.

Si Nollet use encore de l'idée de la nature de deux types d'électricité, chez lui, elles ont tendance à se fondre en une seule, la nature vitreuse ou résineuse du corps se rapprochant de sa capacité à communiquer l'électricité d'un corps à un autre était donc plus proche de dénommer des conducteurs et des isolants qu'à imaginer un déplacement de charges électriques.

En 1753, le roi décida de la création d'une chaire de physique expérimentale au Collège de Navarre et en nomma Nollet son professeur. Il fut donc ainsi possible de suivre et de la main même de celui qui avait conçu ou reproduit ces expériences, les démonstrations de Nollet qui représentait en France la physique expérimentale. Celle-ci représente le second héritage de Nollet et celui qu'il va transmettre définitivement à l'enseignement français. Il était bien connu que les théories de Newton n'étaient pas toutes d'une grande accessibilité. De par leurs efforts à élaborer des expériences démonstratives, deux disciples du génie anglais, Roger Cotes d'une part et Théophile Desaguliers d'autre part, s'étaient évertué à diffuser ce savoir par l'expérience et la démonstration.

Certains expériences que pratiquait d'ailleurs Newton sur la lumière et qui figuraient dans son livre Opticks, nécessitaient une certaine dextérité pour être réalisées. En visitant Desaguliers à Londres, Nollet avait non seulement découvert l'art expérimental de ce démonstrateur hors pair mais découvert ses « expériences newtoniennes ». Nollet, ne fut pas le seul à le rencontrer et les Hollandais Gravesande et Musschenbroek joueront également un rôle dans l'élaboration de la physique expérimentale et dans la diffusion des théories newtoniennes.

Nollet les avait rencontré en 1736. Dix ans plus tard, Musschenbroek communiqua une expérience à l'aide d'une jarre en verre capable d'emmagasiner de l'électricité et ensuite de pouvoir la céder par contact. Nollet appela cette jarre, la fameuse « Bouteille de Leyde ». C'était donc toutes sortes d'expériences que Nollet présentait à ses cours de physiques au Collège de Navarre où les cours sont ouverts à tous. Cette institution royale, futur site de l'Ecole Polytechnique à partir de 1804, fut l'un des bastions de la physique expérimentale jusqu'à la Révolution. Nollet pouvait y enseigner dans un amphithéâtre de 400 places et l'engouement pour les sciences qu'il suscita ne disparut pas du temps de son successeur, Mathurin Jacques Brisson (1723 – 1806) qui le remplaça après que celui-ci eut perdu son poste de directeur du cabinet de curiosité de Réaumur[7].

En 1757, la physique expérimentale est également officiellement enseignée au Cabinet du Dauphin par Nollet. Il s'avéra que l'on considéra cet enseignement d'une grande

---

[7] La mort de Réaumur en 1757 est pour Brisson et Nollet la perte d'un ami et pour Buffon, devenu en 1739 l'intendant du Jardin des Plantes, celle d'un rival. Buffon, qui est également newtonien à la période de la querelle déclenchée par Maupertuis et Voltaire à l'Académie des Sciences, s'est débrouillé pour récupérer les collections de Réaumur et les intégrer au Jardin du Roi. Le cabinet de curiosité fermé, Brisson s'est donc retrouvé sans emploi. Nollet lui céda sa place au collège de Navarre.

importance pour d'autres publics puisqu'il est ensuite appelé comme professeur à l'École d'artillerie de la Fère (1757) puis à l'Ecole du Génie de Mézières (1761) où sont formés les officiers du génie comme le chevalier de Borda (promotion 1758) ou encore Charles-Augustin de Coulomb (promotion 1760) que l'on connaîtra comme le savant qui fit la preuve de l'existence de charges électriques positives et négatives[8].

Coulomb fait donc sa seconde année à l'École du Génie lorsque Nollet y arrive. C'est aussi l'année où Lavoisier suit le cours parisien de Nollet avant de s'intéresser à la géologie, à la météorologie et à poursuivre ses études de droit.

En 1765, le dessinateur Monge entre à Mézières grâce à la recommandation du commandant en second de l'École, Du Vigneau. A cette époque, Nollet est au sommet de sa carrière, cumulant des charges de professeur au Collège de Navarre, aux écoles de La Fère et de Mézières tout en étant un membre éminent de l'Académie des Sciences.

Mézières, l'école du génie de la couronne, possède quant à elle trois professeurs d'exception. Outre Nollet qui y enseigne la physique, on y trouve deux autres professeurs de mathématiques, Charles Bossut qui s'occupe des cours et publie à l'Académie mais aussi une légende vieillissante qui participa à l'expédition en Laponie dirigée d'une main de maître par Maupertuis, Charles Etienne Louis Camus qui

---

[8] Les travaux de Coulomb ne furent pas limités à l'électricité. Il s'est également intéressé aux frottements solides et au magnétisme. Il est à Paris lors de la venue de Volta et assiste à ses démonstrations à l'aide de la pile qu'il a inventée. Il fera alors partie de la commission dépêchée par le citoyen Premier consul Bonaparte et présidée par Biot pour développer des recherches et des applications issues de cette découverte.

assure la charge d'examinateur[9]. Celui-ci devant bientôt se retrouver à la retraite, l'abbé Bossut pense qu'il lui sera possible de prendre sa place et qu'il aura besoin à son tour d'être remplacé à Mézières. Monge, devenu répétiteur en mathématiques (1768) puis l'assistant de Nollet pour les démonstrations de physique (1769), va devenir en 1770 le successeur de ces deux éminents professeurs et entamer les débuts d'une carrière remarquable qui va l'emmener vers des nues insoupçonnées.

En attendant, cette même année 1770, Nollet publie son dernier ouvrage, « l'Art des expériences », ultime legs qui couronne ses fastes années où il a, osons le dire, contribué à façonner l'enseignement des sciences physiques en France et donné à la science expérimentale une place de choix au côté des enseignements théoriques jusque là si prisé.

Nollet fut donc l'héritier de Cisternai du Fay mais aussi à travers lui d'Hauksbee et de Gray et contribua à éclairer les mystères de l'électricité. Démonstrateur, théoricien, Nollet fut également l'inventeur d'un appareil qui se veut l'ancêtre des appareils de mesure des charges électriques, l'électroscope. Déjà, en 1753, lorsqu'il décrit ce brillant appareil qu'il a déjà amélioré depuis son modèle de 1747, il indique qu'il est plus judicieux de le nommer électroscope qu'électromètre, cette dénomination ne semblant pas lui convenir. Car Nollet voyait bien que son appareil permettait de détecter, de voir et non de mesurer. L'électroscope à feuille d'or, inventé également par Nollet allait pour

---

[9] Camus est membre de l'Académie des Sciences et de l'Académie d'Architecture, compagnon de Maupertuis durant l'expédition en Laponie pour mesurer l'aplanissement de la Terre aux pôles, il est professeur de mathématiques et examinateur des ingénieurs, du corps royal de l'artillerie et au concours d'entrée à l'École du Génie de Mézières !

longtemps, jusqu'à l'invention du galvanomètre, être un appareil fondamental pour la détection des charges électriques.

Nollet appartient donc à ces grands hommes de sciences qui s'adonnèrent à pratiquer l'art de l'expérience et aussi celui de la démonstration scientifique, peut-être bien plus périlleux car il se doit de dévoiler les propriétés physiques ou chimiques que l'on veut mettre en évidence tout en gardant l'attention d'un public qu'il faut réussir à émerveiller mais aussi à interroger.

Grâce à son talent certain pour la mise en scène, le choix judicieux de ses expériences, Nollet introduisit et pour longtemps l'art de la démonstration scientifique en France. Avec ses propres expériences, avec celles mises au point par Gravesande, avec la bouteille de Leyde de Musschenbroek, avec le cône à double révolution, avec les démonstrations d'optique et de catadioptrique inspirées des travaux de Newton, et enfin avec ses démonstrations électriques, Nollet avait de quoi passionner.

Si ces expériences lassèrent Versailles, elles vont avoir encore quelques années devant elles pour séduire dans les salons et les cours privés où l'aristocratie se passionnera pour ces éclatantes mises en évidence de phénomènes spectaculaires. Bateleur et savant, le mélange sera détonnant. D'autres, à la suite de Nollet, se lanceront dans l'aventure comme le docteur Jean-Paul Marat, le docteur Frans Anton Mesmer, le physicien Charles ou encore Volta ! D'autres savants et démonstrateurs useront de l'art de Nollet afin d'asseoir par l'expérience leurs théories et d'en valider l'irréfutable certitude. Et dans cet exercice, Monge et Lavoisier vont se révéler excellents.

GASPARD MONGE
(1746 – 1818)

Que l'on joue la Marseillaise, cela fera plaisir à Monge,
Bonaparte en Italie avec Monge

Présentons maintenant l'un des successeurs et héritiers de Nollet du temps de la Révolution. Monge est un savant d'importance, à la fois mathématicien, physicien, chimiste, métallurgiste qui va autant exceller dans ces domaines tant sur le plan théorique que pratique. Il sera aussi excellent enseignant et un homme politique notoire durant la Révolution qui va s'avérer une période propice aux changements aussi sur le plan scientifique. S'il fait ses début à Mézières où il va connaître déjà une ascension remarquée et remarquable, Monge fera la grandeur de sa carrière durant les années 1791 – 1801 et culminera dans ses activités jusqu'à la chute de l'Empire qui sera également celle de sa vie professionnelle. Cet ami sincère et fidèle du général Bonaparte et surtout de l'Empereur Napoléon Ier aura à répondre de ses choix révolutionnaires et bonapartistes à la Restauration, ce qui lui vaudra alors de bien tristes déconvenues.

Gaspard Monge est fils de forain. Doué pour le dessin, il se fait remarquer après un excellent croquis de la ville de Beaune qui lui vaut d'être engagé comme dessinateur à l'Ecole du Génie de Mézières (1765). N'étant pas de noble extraction, Monge ne peut y devenir officier et y enseigner. Charles Bossut qui est le professeur attitré de mathématiques le prend cependant sous son aile et le charge d'être assistant de ses cours voire de le suppléer en cas d'absence. Á Mézières, Monge montre qu'il est non seulement dessinateur mais qu'il peut relever le gant des problèmes mathématiques posées aux officiers avec de bien meilleures intuitions que ses concurrents. Là où la roture devrait céder le pas à la noblesse, l'intelligence et l'audace de Monge éclairent rapidement ceux qui l'entoure de la puissance de ses capacités mentales. Monge finit par s'imposer. A la suite de cette démonstration, il met au point la géométrie descriptive qui y fera sensation puisque cette technique appliquée au tir balistique et à l'art de la défense sera par la suite classée secret défense durant quinze ans et enseigné uniquement dans les écoles militaires (avant l'Ecole Normale et l'Ecole Polytechnique). En 1769, Bossut est appelé à Paris pour remplacer l'examinateur attitré de l'École et des classes d'ingénieurs militaire, Camus. En attendant de trouver un autre professeur attitré à Mézières, Monge sera appelé à le remplacer. L'année suivante, Nollet, l'illustre professeur de physique décède et Monge endosse également le rôle de professeur de physique. Voici donc l'apprenti dessinateur, fils de paysans, devenu le professeur passionnant et passionné de physique et de mathématique de la prestigieuse école fondée par Vauban !

Durant les années qu'il passe à Mézières, Monge publie des

mémoires dans plusieurs domaines des mathématiques (1770-1171) le rapprochant dans son universalité de grands mathématiciens comme d'Alembert et Condorcet qui lui ouvrent les portes de l'Académie des Sciences comme membre correspondant (1772). Devenu professeur de chimie et d'histoire naturelle (1776), travaillant à différentes expériences de chimie avec Lavoisier à partir de 1777, Monge est appelé à Paris pour siéger à l'Académie des Sciences en 1780. Tout comme Nollet et Bossut avant lui, c'est au tour de Monge de se partager entre ses obligations de professeur en province et d'académicien à la capitale. Si Monge va réussir encore pendant quelques années à garder son poste, les nouvelles missions qui vont lui être confiées par la suite vont rapidement et définitivement l'attirer à Paris.

Après avoir obtenu un poste d'examinateur des élèves de la Marine (1783), Monge est appelé à la Révolution à faire partie d'une commission de savants de l'Académie des Sciences chargée de réfléchir sur l'unité des mesures de longueur afin d'en opérer une harmonisation et une standardisation (1791). Bien que le rapport préconisât de définir un mètre par mesure du méridien terrestre, l'unité de longueur universelle choisie fut définie à l'aide de l'oscillation du pendule battant la seconde. Les deux définitions ayant leurs partisans, il faudra attendre bien après 1790 pour que le mètre historique finisse par voir le jour.

Pendant ce temps et à la suite de la Révolution, la monarchie française est devenue constitutionnelle puis, à la suite de la fuite du roi arrêté à Varennes, la France devient une République dirigée par un gouvernement assisté par la Convention Nationale qui vote l'élection de ses ministres. Après Danton à la justice, Monge recueille un nombre de voix suffisant pour être élu comme ministre de la Marine dans le gouvernement provisoire alors établi (août 1792).

L'aventure politique de Monge au ministère va durer à peut près un an. Découvrant la limite de ses compétences, désireux de démissionner (1793), Monge ne va pas se retrouver longtemps écarté de la politique.

Si le gouvernement de Danton perd rapidement de son influence, c'est parce qu'il est talonné par le comité de Salut Public dans lequel Danton puis Robespierre prendront de plus en plus de place et va finalement s'imposer pour diriger la France durant la Terreur. Monge fait alors partie des savants au service de la République et donc connu des hauts dirigeants de l'État siégeant dans ces comités.

Artisan métallurgiste au service de la République en 1792, il aide à la formation des fabricants de canon et de poudre à l'École de Mars, ministre de la marine démissionnaire en 1793, Monge est recruté comme professeur à l'École Normale de l'An III (1794), et surtout appelé à devenir le fondateur et le professeur de mathématiques incontournable de l'École Centrale des Travaux Publics, rebaptisée en 1795, École polytechnique pour laquelle il va rapidement être pressenti pour en devenir le directeur.

La création de l'École polytechnique doit beaucoup à ses trois fondateurs. Le directeur de l'École des ingénieurs des Ponts et Chaussées, Jacques-Elie Lamblardie, l'ancien élève de Monge à l'École du Génie de Mézières et devenu membre du Comité de Salut Public, Lazare Carnot et Monge lui-même. L'École Centrale des Travaux Publics fut ouverte l'année de la fermeture de l'École du Génie de Mézières, transférer en quelque sorte à Metz.

C'est à l'École principalement et bien plus qu'à l'Académie des Sciences (supprimée en 1793 et restaurée sous le nom d'Institut en 1795) que Monge va essaimer son savoir faire et sa maîtrise des mathématiques prônant pour ses élèves le respect, la protection et la tradition des valeurs républicaines.

En 1795, la Convention proclame l'existence d'un mètre provisoire comme unité de référence à toutes les unités de mesure françaises et universelles. Elle instaure une nouvelle Commission des Poids et Mesures chargée de réaliser la finalisation des mesures du mètre ainsi que de produire les étalons métalliques nécessaires à sa diffusion. Lavoisier, démis de ses fonctions durant la Terreur et la purge de la Commission, arrêté puis exécuté fait cruellement défaut pour déterminer les compositions chimiques de l'étalon et finir les mesures de la détermination du litre et du kilogramme. Après la défection de l'abbé d'Haüy, ami de Lavoisier qui refusa d'endosser la charge de son successeur, c'est à Berthollet qu'échoit le kilogramme et à Borda et Monge de s'occuper des étalons métriques.

Monge devient un personnage incontournable. A la chute de la Terreur et de la Convention, il est pressenti pour être l'un des cinq Directeurs du nouveau pouvoir exécutif qui se met en place, le Directoire mais il refuse[10]. Appelé au Bureau des Longitudes fondé par l'Abbé Grégoire la même année, il participe également à la création de l'Ecole des Arts et Métiers où Conté et Montgolfier, entre autres, y seront nommés directeurs.

Avec la mise en place du Directoire, plusieurs projets

---

[10] Sieyès est également appelé à devenir Directeur et se démet également de cet honneur. Il sera remplacé par Carnot qui va en partie permettre aux académies de renaître dans l'Institut de France au sein duquel, les académiciens des sciences pourront poursuivre leurs travaux pour la Nation.

révolutionnaires suivent leur développement et seront supportés par Monge. Outre le système métrique décimal, le décompte en base dix, le mètre, Monge promeut également le calendrier révolutionnaire avec ses semaines de 10 jours.

En 1796, Monge est appelé à rejoindre le général Bonaparte qui fait alors campagne en Italie pour participer au décompte des biens appelés à rentrer en France sous la forme d'une compensation de guerre. Cette rencontre décisive avec Bonaparte influencera par la suite leurs carrières à tous les deux. D'une part parce que Bonaparte, après les remaniements au Directoire et l'éviction de Carnot (1797), brigue sa place à l'Institut pour laquelle il aura le soutien de Monge et d'autre part, parce que l'accès au pouvoir en 1799 du général comme consul provisoire puis premier consul, propulsera Monge sénateur, président du Sénat avant d'être anobli comte d'Empire.

La carrière de Monge ne souffre donc nullement des changements de gouvernement qui vont survenir de 1795 à 1815. Nommé directeur de l'École polytechnique, remplacé par Guyton de Morveau lors de ses absences en Italie (1796 – 1797) et en Egypte (1798 – 1799), il lui cède définitivement la place en 1800, date à laquelle il fait son entrée au Sénat, l'une des trois chambres parlementaires mises en place durant le Consulat.

De l'École polytechnique, Monge n'est pas loin puisqu'il en demeure professeur jusqu'en 1810, défenseur et de l'École et de ses élèves républicains sous le Consulat et l'Empire et s'occupera également de promouvoir les carrières des jeunes talents qu'était en mesure de révéler cette pépinière d'une élite élevée au mérite.

A l'École, Monge a pour collègues Lagrange, Legendre, Chaptal, Fourcroy, Berthollet, Guyton de Morveau, Fourier.

Il retrouve ces mêmes figures à l'Académie des Sciences où il croise également Borda, Coulomb, Haüy, les artisans du mètre ou encore Laplace, figure incontournable de la physique française de cette époque.

Monge participe alors à la création d'une génération de scientifiques qui auront fait leurs études à l'École et qui vont poursuivre l'œuvre de ses fondateurs. Entre 1794 et 1795, Malus et Biot seront au rang de ses élèves. Après son retour d'Egypte, entre 1799 et 1810, Pierre Louis Dulong, Henri Navier, François Arago, Augustin Fresnel, Louis Vicat, Augustin Cauchy, Antoine-César Becquerel, Alexis Petit, Jean-Victor Poncelet, Gustave Coriolis forment la cohorte des illustres savants, scientifiques et ingénieurs français qui auront croisé la route de Monge.

Il est à noter que certains tisseront à leur tour une trame partiellement commune à leur destin. Des grands noms évoqués ci-dessus, indiquons que Cauchy et Poncelet seront deux mathématiciens incontournables. Cauchy dans le domaine de l'analyse notamment et Poncelet dans celui de la géométrie puis en physique dans le domaine de la mécanique et des machines. Deux autres étudiants de Monge se retrouveront liés par la suite à Cauchy et à l'École polytechnique : Henri Navier, fondateur d'une équation de l'hydrodynamique des fluides et Gaspard Coriolis à qui l'on doit l'étude de l'énergie cinétique et d'une force qui porte son nom.

De cette pléiade, Arago et Fresnel s'en distinguent également tant par le fait qu'ils vont bénéficier de l'enseignement de Monge que par leur collaboration qui va leur permettre de réaliser en optique des découvertes fondamentales.

Décoré de tous les honneurs sous l'Empire, Monge est

déchu de toutes ses distinctions lors de la Restauration à cause de sa fidélité sans borne à Napoléon Bonaparte.

Outre ses contributions aux mathématiques, à la fondation du mètre, au système métrique décimal, Monge participa également à la création de la chimie moderne, reconnu comme l'un des auteurs du Traité Élémentaire de Chimie de écrit par Lavoisier.

Les fils de Monge sont donc principalement des mathématiciens mais aussi, des physiciens dont l'étude et l'interprétation des phénomènes physiques se fait de plus en plus grâce à la modélisation mathématique, qu'elle soit analytique ou géométrique comme il tenta de le montrer. Membre du cercle de Lavoisier, héritier tout comme lui d'une partie du savoir de Nollet, il y eu ensuite après lui, un « troisième cercle » de savants dont Laplace fut aussi un fondateur.

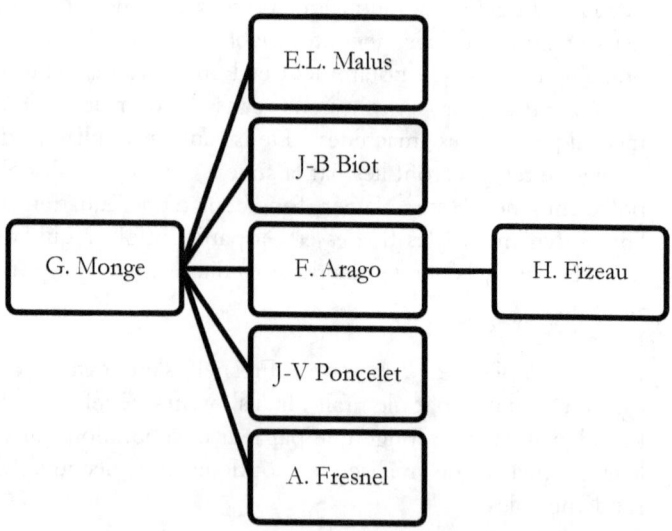

Généalogie scientifique de Monge (1746 – 1818)

LAURENT LAVOISIER
(1743 – 1794)

L'œuvre conséquente de Lavoisier ne saurait être détaillée ici. Cependant, en tant qu'étudiant de Nollet dont il suivit les cours à Paris, nous pouvons donner quelques éléments biographiques de celui qui eut l'intuition, la rigueur et la méthode de débarrasser la chimie de ses vieux artifices pour transformer un art, rangé avec la pyrotechnie et la magie, en une science théorique et expérimentale à part entière.

Tout d'abord avocat, puis chimiste amateur (il est primé à un concours de l'Académie des Sciences), Lavoisier, s'il apprend l'électricité dans les démonstrations de Nollet, est initié à la chimie ancienne par Rouelle au Jardin du Roy. Après un passage en Lorraine pour en étudier les roches (en rapport avec un mémoire qu'il produisit sur le salpêtre), il entre à la Ferme Générale (1768), épouse Marie-Anne Paulze (1771) et profite de son emménagement à l'Arsenal (1775) pour remplir ses fonctions administratives d'une part et se plonger dans la chimie d'autre part.

Devenu directeur de la Régie des Poudres, Lavoisier possède un confortable salaire et un laboratoire d'importance qu'il ne va cesser d'agrandir et d'étoffer. Ce sera le plus grand d'Europe. Membre de l'Académie des Sciences depuis 1768, il va y faire des apparitions pour ses communications, toujours basées sur l'expérience maintes fois répétées et utiliser pour ce faire des manipulations bien choisies et des collaborateurs de talent qui pourront l'assister, vérifier et valider ses protocoles.

Lavoisier s'intéresse à cette époque à un problème sans interprétation satisfaisante, la calcination et la combustion des métaux. Dans le domaine s'est fait un consensus autour de la théorie du phlogistique élaborée par Stahl et Becher et avec laquelle tous les chimistes d'avant Lavoisier interprètent leurs résultats d'expérience.

Lavoisier pense dans ce domaine que la théorie est fausse. Il passe ses premières années (de 1772 à 1783) à étayer par des expériences un faisceau de preuves afin d'en faire la démonstration éclatante. Lavoisier ne croit pas que la combustion provoque une perte de matière inflammable, ce que préconise la théorie du phlogistique. Pour lui, c'est tout le contraire. Il se dégage bien quelque chose (il pense à un fluide dans l'idée de Nollet et de Franklin, qu'il appelle le calorique), mais il y a surtout une accumulation de matière comme l'attestent les mesures faites à la balance sur le métal restant après réaction.

Outre ses propres observations, Lavoisier reprend donc les expériences d'autres chimistes comme celles de Scheele et de Priestley, démontre qu'elles s'expliquent par la théorie de l'oxydation qu'il a mise au point (association du métal avec l'oxygène) et que l'on peut donc réfuter celle du phlogistique. Après avoir réussi la décomposition de l'air, prouvé l'existence de l'oxygène, puis réussi la décomposition et la synthèse de l'eau, Monge, Berthollet, Fourcroy et Guyton de Morveau sont devenus eux aussi partisans de sa théorie (1785 – 1786).

L'équipe de Lavoisier va répandre ses idées, les diffuser et les enseigner. Avec Guyton de Morveau en 1787, Lavoisier donne un nom à chaque substance chimique dans leur ouvrage, La Nomenclature Chimique. Avec Laplace, il a donné à sa théorie du calorique un début d'explication physique en donnant de nouvelles bases à la thermochimie (1780 – 1782). Si Laplace était au départ réticent aux côtés de Lavoisier, cet intermède sera l'occasion pour lui de développer une autre branche de la physique mathématique dont il s'est fait l'un des promoteurs durant toute sa carrière.

À la Révolution, Lavoisier souhaite défendre le peuple en devenant député du Tiers mais cela lui est refusé en raison de son attachement au pouvoir et à la noblesse. S'il œuvre encore pour l'élaboration du système métrique, du kilogramme, de la définition de la pièce d'argent, la Terreur qui s'instaure en 1793 sonnera le début de sa déchéance.

Après la fermeture des académies et son éviction de la Commission des poids et mesures qui travaille sur le mètre, il est arrêté et guillotiné le 8 mai 1794 avec les autres Fermiers Généraux dont l'impopularité était universellement reconnue à Paris.

Le savoir que Lavoisier transmit à ses amis et disciples, à l'Arsenal, est donc son héritage. Dans le cas de Lavoisier, on ne saurait parler de descendance directe. Berthollet et Fourcroy, sont plutôt à considérer comme ses pairs qui vont se charger d'être les transmetteurs indirect de son savoir. De ce fait, s'il n'eut qu'un seul élève célèbre, Irénée du Pont de Nemours qui étudia la fabrication des poudres dans on laboratoire, il y eut cependant plusieurs scientifiques de haut niveau qui se revendiquèrent par la suite de son influence, à commencer par les membres de son cercle scientifique. C'est donc en quelque sorte par eux que se perpétua la descendance scientifique de Lavoisier (voir la Fondation de la chimie française dans le présent volume).

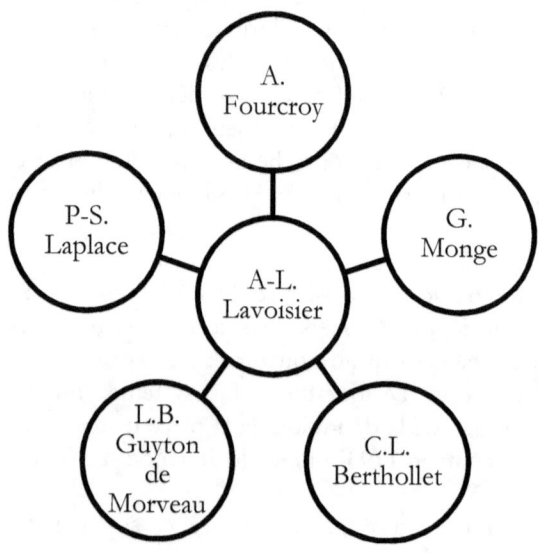

Cercle scientifique de Lavoisier (1743 – 1794)

Il est à noté que du côté de la physique, Lavoisier, en tant que fondateur d'une théorie d'un fluide thermique, le calorique, est autant l'héritier de Nollet qu'il sera l'inspirateur de Fourier et de Carnot qui vont contribuer à la création de la thermodynamique en utilisant une théorie basée sur un fluide.

JEAN LE ROND D'ALEMBERT
(1717– 1783)

« Penser d'après soi et par soi même »

Que vient donc faire une biographie de d'Alembert dans la description de l'arbre généalogique et scientifique de Nollet ? Nous avons fait du fondateur de la physique expérimentale le fondateur d'une dynastie scientifique qui contient forcément plusieurs branches descendantes. Mais faut-il dès lors oublier qu'un même descendant puisse avoir plusieurs parents que Nollet ne fut pas le seul aïeul dont certains savants purent se targuer de l'avoir comme maître.

D'Alembert en tant que maître en mathématiques de Charles Bossut, le professeur de mathématiques, protecteur de Nollet mais également comme celui de Laplace, joue donc un rôle important dans notre histoire. Non seulement pour comprendre comment vont évoluer les idées en physique mais aussi pourquoi celle-ci va de plus en plus, au fil des générations de savants se teinter de mathématiques. Et pour comprendre cette culture, il faut donc remonter de quelques années en arrière, à l'époque des années 1750 où va se faire une nouvelle révolution dans le domaine des mathématiques physiques. Et cette révolution est apportée par un jeune aristocrate abandonné sur le parvis d'une église, un homme de haute extraction appelé à ne pas hériter des prérogatives de son rang et de son nom et qui, de fait, par la force de sa volonté et de ses capacités, va réussir à se hisser dans les nues de l'Académie des Sciences et ainsi dépasser aristocrates et bourgeois mais aussi à se faire connaître de l'Eglise et de la Cour…

Fils illégitime d'un duc et d'une baronne salonnière, abandonné sur le parvis de l'église Saint-Jean-le-Rond, c'est elle qui va donner son nom à ce nourrisson que rien ne semblait prédestiner à devenir mondialement célèbre. S'il est ainsi délaissé, son père n'est cependant pas décidé à couper définitivement les ponts avec son fils et charge un homme de confiance de le retrouver et de veiller à ses besoins en toute discrétion.

Jean le Rond est donc placé dans une bonne famille, suit des études de lettres à Paris avant de s'essayer au droit, à la médecine puis de se tourner vers les mathématiques. C'est dans ce domaine qu'il va s'illustrer à l'Académie des Sciences en 1739 avant d'y faire son entrée en 1742 soutenu par le très controversé Maupertuis qui, depuis son voyage en Angleterre en 1728, était à l'œuvre pour promouvoir les idées de Newton sur le territoire français où l'on défendait la philosophie cartésienne. A cette époque, comme nous l'avons vu et ce à plusieurs reprises, les savants français se rendent à Londres et sont en communication avec la Royal Society. Mais des découvertes et des avancées anglaises, ils ne tirent pas tous les mêmes leçons. Deux camps s'étaient donc formés avec Maupertuis d'un côté et les Cassini père et fils de l'autre. Au centre des débats, la physique de Descartes et celle de Newton. L'une révérée en France et l'autre en Angleterre.

Maupertuis, avec Clairaut, Celsius et Buffon faisaient partie des partisans de Newton et de l'idée qu'il fallait au plus vite reconsidérer sa physique et lui faire une place dans les théories nouvelles de la philosophie naturelle. Réaumur, Fontenelle, Nollet et les Cassini n'étaient pas de cet avis. L'affaire cependant n'en était pas restée là. En 1736, deux expéditions de mesure du méridien terrestre se montent et l'une partant au nord et l'autre au sud furent chargées de ramener la preuve que l'on pouvait croire en la physique de Newton.

Ce fut rapidement chose faite après le retour de Maupertuis qui revint en France en 1737 avec les mesures approuvant les thèses de Newton sur la rotondité de la Terre. Non content d'avoir triomphé à l'Académie, Maupertuis s'était alors chargé de faire connaître son triomphe et celui de Newton auprès du grand public en publiant des ouvrages de vulgarisation scientifique sur le sujet. Passionné par le sujet et ayant soufflé sur les braises de la discorde qui enflammaient maintenant les esprits de l'Académie, Maupertuis s'était le défenseur du « neutonianisme » et supportaient sans commune mesure les travaux qu'ils soient d'optique, de mécanique ou d'astronomie du génie de Cambridge.

Courtisé par Frédéric II de Prusse, Maupertuis qui était encore avide de reconnaissance se décida alors à rejoindre l'Académie de Berlin ce qui provoqua la colère de ses collègues et du roi Louis XV qui le fit destituer de sa place à l'Académie Royale des Sciences de Paris.

C'est dans ce contexte tumultueux que d'Alembert fait son

entrée à l'Académie des Sciences (1741). Après avoir écrit Mémoire sur le calcul intégral en 1739 à l'âge de 22 ans, il entre ainsi dans la section d'astronomie (1742) où il devra se mesurer à un autre prodige des mathématiques, Alexis Clairaut. D'Alembert va alors s'intéresser à un problème de physique « simple » mais pour lequel la science n'a pas de réponse mathématique satisfaisante pour le décrire : la propagation d'une vibration le long d'une corde. C'est donc dans son Traité de Dynamique de 1743 qu'il élabore l'équation aux dérivées partielles qui décrit ce problème. D'Alembert montre donc une première étendue de son talent, digne de ses prédécesseurs dans le domaine comme Newton par exemple.

Maintenant que le problème est posé, il faut trouver comment le résoudre. En mathématicien accompli, d'Alembert avait démontré le théorème fondamental de l'algèbre où un polynôme de degré n admet au moins une racine réelle ou imaginaire et donc qu'un polynôme de degré n possède n solutions (1746). Pour réussir ce tour de force, d'Alembert s'était appuyé sur les travaux de Brook Taylor qui avait posé le problème d'une équation différentielle à plusieurs variables sans pouvoir la résoudre[11] (1711). C'est justement en utilisant la formule de Taylor et le développement limité à l'ordre un que d'Alembert établit son équation pour la corde vibrante en 1743.

---

[11] Le théorème de Taylor fait partie des inventions du mathématicien du même nom, théorème qu'il élabora entre 1712 et 1715. Il indique qu'une fonction mathématique à proximité d'un point précis peut être modélisée par un polynôme. Taylor usa de cette idée pour ses résolutions d'équations. Il avait notamment travaillé sur un problème de Kepler, sur une méthode de résolution polynomiale de Halley et fut également de la commission chargée de départager Leibniz et Newton.

Avant de raconter comment d'Alembert va, à l'instar de Galilée et de Newton, montrer que la physique est interprétable par des fonctions mathématiques, il ne peut être passé sous silence la rencontre décisive que va faire d'Alembert en 1746. C'est l'année où, faisant salon, il rencontre Denis Diderot qui le convainc de participer à son projet de traduction de l'Encyclopédie en quatre volumes de Chambers. Jusqu'ici, les tentatives pour publier une encyclopédie avaient plutôt échoué et l'ouvrage de Chambers, assez petit, devrait permettre aux deux hommes de proposer une compilation remarquables des techniques et des arts de leur temps. Bien évidemment il faudra reprendre les articles, les traduire, ajouter peut-être plusieurs planches d'illustrations mais l'affaire semble jouable. L'aventure de l'encyclopédie de Diderot et d'Alembert allait pouvoir commencer.

Entre temps, en 1747 d'Alembert produit une pièce maîtresse des mathématiques appliquées à la physique, un travail remarquable qui décrit de manière imposante la propagation d'une onde sonore dans un matériau solide, Réflexion sur les Cordes Vibrantes.

Ce travail physico-mathématique est d'importance car il met en lumière en mécanique une relation entre les équations différentielles et les contraintes physiques réelles d'un système :

$$\frac{\partial^2 f(x,t)}{\partial x^2} - \frac{1}{v^2}\frac{\partial^2 f(x,t)}{\partial t^2} = 0$$

L'équation de d'Alembert écrite ci-dessus pour la propagation d'une onde. Son écriture nous indique sur la nature de la fonction f qui en est solution : elle est progressive (elle évolue dans le temps et dans l'espace) et liée à sa vitesse de progression, v. Une telle équation possède pour solution des formules de type sinusoïdal.

Une forme moderne de l'équation de d'Alembert, que l'on associera plus tard à l'opérateur « carré » permet la résolution des phénomènes de propagation unidimensionnelle.

Leonhard Euler, grand mathématicien lui aussi en concurrence avec d'Alembert (celui-ci a été élu membre de l'Académie de Berlin en 1746), s'occupera de formuler ce type d'équation à trois dimensions.

Pour bien comprendre l'importance de ce genre de défi mathématique et la puissance intellectuelle de celui qui en réussit la résolution, il faut savoir que l'exercice périlleux qui consiste à vouloir écrire la nature en langage mathématique, se fait alors en deux phases : tout d'abord poser le problème et le réduire à une équation mathématique. Et ensuite réussir à résoudre cette équation. Or les outils nécessaires à cette résolution n'existent pas forcément ! Il faut alors créer les fonctions mathématiques, si elles ne font pas partie de la liste connue des fonctions mathématiques déjà définies ou inventées. Un des solutions de l'équation de d'Alembert est de la forme :

$$f(x, t) = a . \sin (x - v . t + \phi)$$

La révolution est dans l'équation. Celle-ci indique bien qu'à présent, en tout point de l'espace du système en vibration il sera possible de décrire l'amplitude du mouvement. Si l'on observe attentivement son expression on voit qu'effectivement, c'est bien soit à l'instant t soit à la position x que l'on peut « lire » la position de la corde (haute, basse, médiane, etc.).

En 1751, le premier tome de l'Encyclopédie est publié. Diderot, incarcéré en 1749, malgré le soutien de Rousseau,

Maupertuis et d'Alembert, ne put être libéré avant la fin de sa peine. Sa détention put être en partie adoucie grâce à l'intervention d'Emilie du Châtelet, cousine du gouverneur de la prison. C'est donc avec inquiétude et prudence que se fait l'édition de ce travail imposant qui va petit à petit connaître un succès sans précédent.

La publication de poursuit à raison d'un tome par an entre 1752 et 1754, année où se fait un second tirage des trois premiers volumes et où d'Alembert entre à l'Académie Française. Au fauteuil 25, où il sera assis, Charles Nodier, Prosper Mérimée ou encore Marcel Pagnol se succèderont à sa place. A cette époque, les immortels qui cotoient d'Alembert comptent dans leurs rangs Fontenelle, Buffon, Montesquieu, Maupertuis, Bougainville ou encore Marivaux.

S'il poursuit sa carrière dans les lettres, d'Alembert aura à partir de 1743 contribué à fonder la mécanique moderne notamment grâce à son principe des forces virtuelles qui va, avec le principe de moindre action de Maupertuis (1744) contribuer à fonder la seconde loi de Newton de la mécanique sous sa forme moderne :

« Si l'on considère un système de points matériels liés entre eux de manière que leurs masses acquièrent des vitesses respectives différentes selon qu'elles se meuvent librement ou solidairement, les quantités de mouvement gagnées ou perdues dans le système sont égales (d'Alembert) »

« L'Action est proportionnelle au produit de la masse par la vitesse et par l'espace. Maintenant, voici ce principe, si sage, si digne de l'Être suprême : lorsqu'il arrive quelque changement dans la Nature, la quantité d'Action employée pour ce changement est toujours la plus petite qu'il soit possible (Maupertuis). »

A la suite de ces deux « introductions », le mathématicien Joseph-Louis Lagrange mettra en forme la mécanique analytique dans laquelle il va adapter mathématiquement l'idée encore abstraite de force sous une forme matricielle. C'est lui qui, en 1756, met en forme le principe de Maupertuis et en 1788 celui de d'Alembert.

Ils vont permettre non seulement de pouvoir écrire la fameuse formule moderne $\sum \vec{F} = \dfrac{d\vec{p}}{dt}$ mais par la suite de montrer que sur un système lié, ce ne sont que les forces extérieures qui sont à prendre en compte puisque les forces internes, liées par un principe d'équilibre assurant la cohésion du système, se compensent.

On en vient donc non seulement à écrire que l'ensemble des forces internes et externes se résume aux forces extérieures appliquées sur le système mais de plus à pouvoir passer du Principe Fondamental de la Dynamique (écrit ci-dessus) au Théorème du Centre d'Inertie (où l'on résume l'entièreté du système à la somme des forces exercées sur le centre d'inertie dont on étudie alors la variation de la quantité de mouvement). Il est à présent possible de montrer l'équivalence entre un système indéformable soumis à plusieurs forces et à considérer uniquement leur résultante en un point, le centre d'inertie du système.

C'est ce travail analytique que poursuivra Lagrange d'une part puis Laplace après lui, l'un dans sa mécanique analytique, l'autre dans sa mécanique céleste. Laplace, successeur de d'Alembert et qui profitera de ses recommandations ne sera pas le seul savant à profiter des lumières de l'encyclopédiste d'Alembert.

Après les poursuites de parution de l'encyclopédie, le septième tome sort en 1757, après les velléités de d'Alembert d'abandonner la tâche durement critiquées par certaines élites (1758), c'est en 1760 qu'un jeune mathématicien se fait remarquer à l'Académie et aura bientôt l'amitié et le soutien de d'Alembert, Nicolas de Caritat, marquis de Condorcet. Il ne faudra pas moins de neuf ans à Condorcet pour être élu à l'Académie des sciences après que son travail fut en partie discuté par Clairaut et soutenu par d'Alembert.

Avec Condorcet et Bossut, d'Alembert se charge en 1772 d'examiner les candidats à la correspondance de l'Académie. Parmi ceux-ci, Monge sera retenu pour être le correspondant de Bossut. Ainsi se retrouve lié d'Alembert à l'arbre généalogique et scientifique de Monge, héritier d'une part de Nollet et de Bossut et d'Alembert d'autre part.

L'amitié et la reconnaissance mutuelle que vont se vouer d'Alembert et Condorcet vont par la suite lier les deux hommes dans une tâche qui leur sera confiée et dont il devront s'acquitter, montrant bien l'étendue des capacités attendues des membres de l'académie des sciences en tant qu'experts scientifiques : il s'agit de la Commission de la Navigation Intérieure qui voit le jour en 1775 et dont la direction est confiée à Condorcet, Bossut et d'Alembert...

Cette décennie (1770 – 1780) est celle où d'Alembert poursuit ses travaux à l'Académie Française où il écrit de nombreux éloges et ses travaux de mathématiques qui vont lui valoir d'importantes discussions voire controverses avec d'autres mathématiciens de sa trempe en dehors de Clairaut, et notamment avec Euler. D'Alembert disparaît en 1783, laissant une œuvre à la fois scientifique, littéraire et philosophique.

En devenant le « protecteur » de Bossut, Condorcet et Laplace, D'Alembert assurait également un rôle de transmission, celui d'une idée forte selon laquelle, faisant fi de son orgueil, il était important de permettre à des esprits prometteurs de s'épanouir et d'atteindre des sommets qui leur permettrait de contribuer à leur tour au développement des sciences. Ce qu'avait fait Maupertuis pour lui, il le rendait à son tour et ce fut cette même culture qui anima Laplace lorsqu'il supporta Poisson et Monge lorsqu'il poussa à son tour ses élèves à l'Ecole Polytechnique.

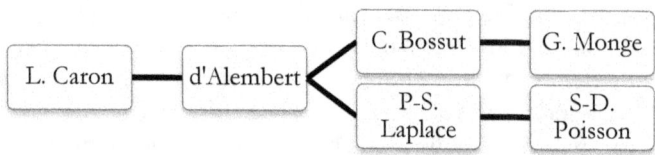

Arbre généalogique de d'Alembert (1717 – 1783)

D'Alembert fut l'élève en mathématiques de Léonor Caron au Collège des Quatre-Nations (Collège Mazarin), c'est à dire durant ces années terminant le cycle d'études menant à l'université où il allait étudier le droit. Charles Bossut qui fut l'un des protégés de D'Alembert, de Clairaut et de Camus fut ainsi recommandé pour obtenir une place de professeur de mathématiques à l'École du Génie de Mézières (1752). Contributeur de l'encyclopédie puis, devenu examinateur du génie, Bossut perdit cette place à la Révolution. Il fut par la suite recruté par son ancien élève, Monge, qui à l'École polytechnique le recruta comme examinateur des élèves ingénieur en fin de formation en 1796.

En recommandant également Laplace à l'École Militaire de Paris, D'Alembert dotait l'enseignement militaire de professeurs de haut niveau qui allaient tous deux se distinguer à l'Académie des Sciences…

INTERMÈDE : L'HÉRITAGE DE LEIBNIZ

Sur l'arbre généalogique scientifique de d'Alembert, Nicolas Malebranche représente un scientifique de transition, un unificateur philosophique de la pensée de Descartes et de Saint Augustin. Théologien et oratorien de surcroît, Malebranche se voulait disciple de Descartes. Il est philosophe, diplômé de l'université de Paris et a étudié la théologie à la Sorbonne durant trois ans. En s'intéressant par hasard à l'œuvre de Descartes (1664), Malebranche en devint rapidement convaincu et s'employa durant une dizaine d'années à en lire l'œuvre et à devenir lui-même physicien et mathématicien. Enseignant les mathématiques à partir de 1674, il publie en 1675 un ouvrage qui fit grand bruit, la Recherche de la Vérité, qui mécontenta autant certaines élites pensantes dans le camp de Descartes que dans celui des théologiens. Du fait de ses talents multiples dans le domaine scientifique, Malebranche se vit doté d'un siège de membre honoraire de l'Académie des Sciences en 1699. C'est durant cette période, entre 1675 et 1690, que deux mathématiciens célèbres vont assister à ses cours et se définir l'un comme héritier de Descartes et l'autre comme celui de Leibniz.

Entre 1672 et 1676, Leibniz est à Paris en tant qu'ambassadeur de Prusse. Il a rencontré Huygens, qui fut son professeur de mathématiques et également Malebranche qui put profiter de ses compétences dans le domaine. Les trois hommes font ainsi partie des grands savants incontournable auprès desquels se former à Paris, ce que ne manquera pas de faire durant ses voyages de formation Jacques Bernoulli, lors de son passage à Paris.

Fils de Nicolas Bernoulli et frère de Jean, Jacques Bernoulli, après avoir étudié la théologie s'oriente vers les mathématiques au grand désespoir de ses parents. Afin de se former dans le domaine des sciences, il effectue un tour d'Europe (Angleterre, Pays-Bas, France) durant lequel il a l'occasion de rencontrer Hooke et Boyle et à Paris où il étudie auprès de Malebranche entre 1679 et 1681. Devenu professeur de mécanique à l'université de Bale, il deviendra en 1687, professeur de mathématiques.

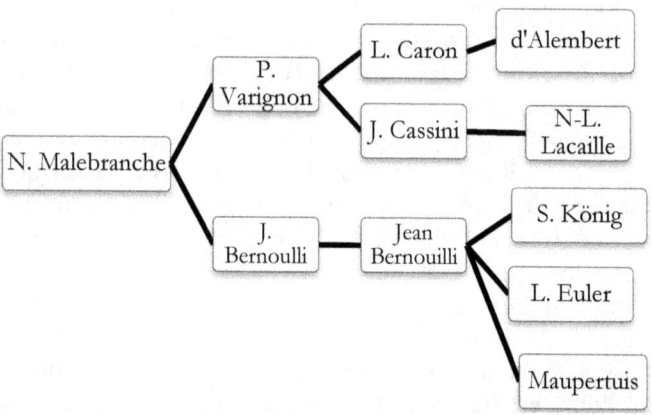

Arbre généalogique de Nicolas Malebranche (1638 – 1715)

Après avoir été le directeur de thèse de son frère, Jean, les Bernoulli vont s'imposer comme deux grands mathématiciens notamment spécialisés dans le calcul intégral et différentiel que Leibniz a commencé à publier à partir de 1684 et qu'ils s'emploieront à faire connaître en Europe et en Angleterre.

Sous une forme moins aboutie mathématiquement et que Newton dénomme calcul des fluentes et des fluxions, le calcul différentiel et intégral permet à Newton de concevoir une physique moderne, basée sur des équations et leur résolution qui vont lui permettre d'approcher et de définir les lois du mouvement mais aussi la gravitation. Une partie seulement de ces travaux sont publiés en 1687 dans son célèbre ouvrage des Principes Mathématiques de la Philosophie Naturelle mais Leibniz en vient rapidement à douter de la paternité de Newton envers les mathématiques qu'il emploie et qu'il prétend avoir inventées.

Leibniz demande réparation, prenant la communauté scientifique à témoin, surtout après qu'il eut été accusé de plagiat. Une commission est crée à la Royal Society. Les Bernoulli se proposent d'ouvrir une expertise en étudiant au travail d'un problème, la maîtrise dans le domaine de l'un et de l'autre. La Royal Society donne raison à Newton. Les Bernoulli penchent pour Leibniz. La mort du philosophe en 1716 permet finalement à Newton de triompher. Après sa mort, en 1727, ne restent que les disciples de l'un et de l'autre, leurs écrits, leurs idées et les convictions de chacun.

Pour Jean Bernoulli, la légitimité de Leibniz ne fait aucun doute et elle deviendra une certitude pour l'un de ses élèves, le professeur de mathématiques Samuel König. Pour Maupertuis, un autre de ses étudiants qui voulut apprendre les mathématiques de Newton, il n'y a pas d'importance à considérer Leibniz. Tout comme certains embrassaient l'ensemble de la philosophie de Descartes pour la considérer une et entièrement véritable, Maupertuis et Voltaire, font la même chose avec les idées de Newton.

Maupertuis qui fut acquis à la philosophie newtonienne après ses études à Londres et à Bâle auprès des frères Bernoulli, enseigna à son tour ces mathématiques à la femme qui allait réussir l'exploit d'en traduire en français les principes, Emilie du Châtelet. C'est cependant avec König qu'elle poursuivra son apprentissage, celui-ci voulant la détourner de Newton au profit de Leibniz. Si König ne réussira pas à faire ployer le brillant et farouche esprit de la dame du Chatelet, il aura contribué à faire connaître les travaux de Leibniz auprès de celle qui saura alors montrer à Maupertuis et Voltaire, les erreurs de Monsieur Newton !

Newtonien, Cartésien ou Leibnizien, à chacun sa philosophie et à chacun de faire son choix. Malebranche incarne bien toute la difficulté de revendiquer pour un élève l'héritage qu'aura pu lui apporter son maître ! Se revendiquer de Descartes, apprendre les mathématiques de Leibniz et compter parmi ses élèves un Cartésien qui va engendrer une branche française de physiciens newtoniens !

Voici donc Pierre Varignon, fils d'un architecte et qui va représenter une figure car il va non seulement concourir à la diffusion en France du calcul intégral et différentiel mais aussi à exprimer les concepts d'accélération et de vitesse[12] (1698 et 1700). Varignon étudia tout d'abord au Collège des Jésuites puis à l'université de Caen avant de devenir professeur de mathématiques au Collège des Quatre Nations et membre de l'Académie des Sciences (1688).

Varignon fut en contact épistolaire avec Newton et Leibniz mais aussi avec les frères Bernoulli. Il s'est occupé d'une autre formulation mathématique, la règle de composition des forces de Stevin qui s'illustre sur une chaîne où s'exercent le long de celle-ci plusieurs forces. On utilise aujourd'hui sous une forme vectorielle cette loi que l'on peut construire à l'aide d'un parallélogramme.

Défenseur du calcul différentiel de Leibniz (tout comme le Marquis de l'Hôpital) qu'il applique à la physique de Newton et notamment à ses travaux en mécanique, il

---

[12] La vitesse en chaque instant de Varignon permet d'obtenir l'accélération par simple dérivation à l'aide du calcul différentiel de Leibniz.

devient en quelque sorte l'instigateur d'une école française qui à sa suite va systématiquement tenter de mathématiser tous les travaux de Newton mais aussi la physique tout entière. Varignon applique ainsi le calcul différentiel à l'inertie du mouvement mais aussi à la mécanique des fluides. La publication de ses éléments de mathématiques en 1731, indiquent que cet ouvrage est si limpide qu'il permettra donc d'apprendre facilement à en adopter le contenu et à reconnaître le génie de son auteur[13] !

Professeur remarquable, Varignon fut le premier titulaire de la chaire de mathématiques du Collège des Quatre-Nations où son élève Léonor Caron eut à lui succéder en 1722. Et c'est dans ce Collège que d'Alembert fut initié par Caron aux mathématiques fondamentales qui l'encouragèrent par la suite à s'intéresser aux écrits de Varignon, Malebranche et des Bernoulli responsables (en partie) de son niveau en mathématiques. D'Alembert allait par la suite se révéler un mathématicien hors pair, même si au Collège des Quatre-Nations, on se félicita du départ du professeur Caron, remplacé par un ancien élève de Jacques Cassini, Nicolas-Louis Lacaille qui faisait imprimer ses cours en français avant de les expliquer en classe au lieu de les dicter en latin avant d'en faire le commentaire.

Lacaille qui fut un astronome remarquable à qui l'on doit d'avoir décrit une partie du ciel étoilé (il a nommé une quinzaine de constellations de l'hémisphère sud), mourut en 1762, une opportunité pour Caron qui eut l'occasion de reprendre son poste (1766) et de recommencer à dicter ses cours en latin…

---

[13] Un génie reconnu en France à titre posthume puisque le dit ouvrage, publié en 1731, le fut neuf ans après la mort de son auteur. Il s'agissait d'une version française d'un cours donné en latin au Collège des Quatre-Nations entre 1716 et 1717.

PIERRE-SIMON LAPLACE
(1749 – 1827)

Voici celui que l'on surnomme « le Newton français », le marquis de Laplace. Connu des physiciens, des statisticiens, des astronomes, des astrophysiciens, des chimistes, Laplace est l'héritier newtonien de D'Alembert. Héritier de part sa volonté de parer la physiques des mathématiques qui lui font défaut et newtonien du fait que dans la lignée de Varignon, il va poursuivre l'œuvre des physiciens qui se basent sur les théories de Newton afin de les perfectionner et de les mathématiser. Laplace va devenir rapidement incontournable à une époque, par un jeu de circonstances et de volontés politiques diverses, les scientifiques vont se retrouver au premier plan que ce soit dans les réalisations de l'État mais aussi dans l'enseignement où il sera quasiment impossible de ne pas le croiser. Dès lors, de par son influence, nombre de descendants de Monge, auront de près ou de loin approché l'œuvre, les cours ou la personne de Laplace

Pierre-Simon Laplace fait ses études à Caen avant de monter à Paris pour tenter de trouver un poste de professeur, une lettre de recommandation de son professeur en poche, écrite à l'attention de d'Alembert. Ne connaissant ni l'élève ni le maître, d'Alembert éconduit le jeune homme qui va répondre à cette première déception par une lettre faisant état de ses connaissances nombreuses en mécanique et en mathématiques. Cette fois l'académicien décide de le recevoir et jaugeant de son potentiel et lui trouve un poste à l'École militaire de Paris (1769).

Dès 1770 Laplace publie des mémoires en mathématiques à destination de l'Académie des Sciences, assimilant aux siens les travaux d'Euler et de Lagrange. En concurrence avec Gaspard Monge, il réussit cependant à obtenir une place dans la section de mécanique en 1773 tandis que Monge gagnera la classe des géomètres en 1780.

Après avoir rejoint la classe des géomètres en 1776, à l'Académie des Sciences, Laplace bénéficie tout d'abord de l'appui de d'Alembert dont il va peu à peu se détacher pour s'affirmer. Il profite aussi d'être recruté par Lavoisier pour faire partie de l'aventure de la création de la chimie moderne. Ainsi à ses côtés, de leurs travaux sur la thermochimie (1780-1782), il publie un mémoire sur la chaleur (1783), devient également examinateur à l'École d'Artillerie (1784) et en 1785 assiste Lavoisier dans sa célèbre expérience de la décomposition et recomposition de l'eau. Devenu pensionnaire de l'Académie des Sciences la même année, Laplace élabore une série d'outils mathématiques qui vont lui permettre dans la décennie suivante de poser les bases de la physique newtonienne et des opérateurs de calcul sans équivalents.

Cette à cette époque que Laplace crée la transformée qui porte son nom, le potentiel et l'opérateur éponymes :

$$F(p) = \mathcal{L}\{f(t)\} = \int_{0^-}^{+\infty} e^{-pt} f(t) dt$$

La transformée de Laplace permet de résoudre des équations différentielles. Elle est un outil de choix pour les problèmes posés mathématiquement et qui correspondent à des phénomènes physiques. Elle eut une seconde naissance avec les travaux d'Oliver Heaviside (1850 – 1925) qui l'utilisa dans les problèmes d'ondes télégraphiques et pour laquelle il élabora des tables de transformations. Ces tables furent publiées comme outil de choix pour les ingénieurs dans la première moitié du XXᵉ siècle.

En développant la notion de potentiel introduite par Lagrange, Laplace montre que pour les systèmes stables, le potentiel V associé à un système doit vérifier l'équation (1782) :

$$\Delta V = \frac{\partial^2 V}{\partial x^2} + \frac{\partial^2 V}{\partial y^2} + \frac{\partial^2 V}{\partial z^2} = 0$$

Cette équation indépendante du temps permet de générer des solutions elliptiques et d'avoir à deux dimensions des applications topologiques sur le potentiel envisagé (qu'il soit électrique ou gravitationnel par exemple).

La curiosité ou la force de cette invention réside dans l'idée que non seulement la Nature semble soumise à des lois modélisables, qui permettent d'obtenir des équations dont les solutions, si elles sont obtenues, permettent de déduire la prédictibilité du phénomène étudié dans l'espace ou dans le temps.

En 1787, l'année de la publication de la Nomenclature Chimique signée Lavoisier et Guyton de Morveau, Laplace publie un mémoire sur les erreurs du mouvement de la Lune grâce à la physique newtonienne.

Devenu l'un des auteurs reconnus du Traité Élémentaire de Chimie paru en 1789, Laplace est appelé durant la Révolution à faire partie des élites chargés de l'élaboration du « SMD », le système métrique décimal, dans la Commission des Poids et Mesures. Celle-ci est particulièrement touchée durant la Terreur (1793 - 1794) sous la direction de l'Incorruptible Robespierre qui n'hésite pas à signer les décrets d'arrestation de quiconque lui oppose une résistant ou ne se trouve pas à la hauteur de ses folles ambitions[14].

La Commission des Poids et Mesures, à l'image des académies qui furent supprimées en 1794, subit à la fois la politique révolutionnaire instaurée contre la noblesse mais aussi la vindicte d'envieuses personnalités qui n'ont pu y accéder et qui sont bien décidées, dès lors qu'elles en ont le pouvoir, à exercer leur immonde vengeance. Delambre, Coulomb, Borda, Lavoisier passés parmi les exclus, Laplace quant à lui, quitte Paris pour se réfugier à Melun où l'on n'ignorera pas longtemps qu'il s'y cache. Bien qu'il se trouve des proches de ces savants parmi les autorités dirigeantes, comme Carnot, l'ancien élève de Monge à Mézières, ceux-ci n'ont plus vraiment d'influence face à l'implacable

---

[14] La liste est longue des personnalités scientifiques menacées, incarcérés voire exécutées par le Tribunal Révolutionnaire où Robespierre était prompt à envoyer ses collaborateurs. Carnot, Berthollet, Chaptal, Borda, Haüy firent partie des savants menacés. Fourier et Bonaparte furent incarcérés et d'autres décrétés d'arrestation et condamnés à mort, une sentence qui fut suspendue à la chute de Robespierre. Condorcet, Bailly et Lavoisier sont quant à eux au rang des victimes de la Terreur...

Robespierre et à ses affidés.

Laplace à Melun, ce n'est cependant pas sa tête que l'on vient réclamer. C'est son aide, notamment sur la création du calendrier révolutionnaire sur lequel Monge travaillait également. En 1795, suite aux débordements de la Terreur, un nouveau type de gouvernement se met en place, conçu pour empêcher toute prise de pouvoir unilatéral. Les Académies sont restaurées sous le nom d'Institut et Laplace est rappelé à Paris pour y prendre légitimement son siège. La Commission des Poids et Mesures qui n'a pas terminé son travail, est également restaurée et Laplace y retrouve les autres survivants de la Terreur. Dans la toute nouvelle École Centrale des Travaux Publics, créée en 1794 et qui, à la rentrée 1795, va prendre le nom d'École Polytechnique, si Laplace n'y sera pas enseignant, il y remplira le rôle d'examinateur (de 1795 à 1799) et contribuera à en élaborer les programmes. Ce fut peut-être une aubaine pour les élèves de ne pas avoir Laplace pour professeur. Ceux qui furent ses étudiants lors de la création de l'éphémère École Normale de l'An III (comme Fourier) purent voir à l'œuvre l'éminent savant qui savait être bien au-dessus du niveau de ses élèves sans se soucier de savoir s'ils suivaient ou comprenaient ce qu'il racontait.

C'est donc le moment pour Laplace de reprendre ses travaux scientifiques dans le domaine de l'astronomie où il va publier deux ouvrages remarquables : Exposition du Système du Monde (1796) et Traité de Mécanique Céleste (1799) dont les deux premiers tomes sortent avant la fin du nouveau siècle. Dès son premier ouvrage, Laplace donne la mesure de son talent mathématique. Il justifie la stabilité de l'univers (c'est-à-dire de notre système solaire), préfigure la théorie de la formation par accrétion de matière (théorie de la nébuleuse primitive) et approche avec intuition l'idée de l'existence de trous noirs.

En 1799, après le coup d'état du 18 Brumaire, le consul provisoire Bonaparte prend le pouvoir. Il appelle alors l'homme qu'il admire le plus, Laplace, pour devenir Ministre de l'Intérieur, une tâche pour laquelle il se montrera peu compétent et vite remplacé par Lucien Bonaparte. Cependant, durant le mois passé au ministère, de novembre à décembre 1799, Laplace fera exécuter le décret d'application de la mise en place du système métrique, participera à la réorganisation de l'École polytechnique et s'occupera également de sauver la femme de l'infortuné Bailly en lui faisant verser une pension substantielle. A cette époque où Bonaparte a besoin d'une efficacité redoutable de la part de ses collaborateurs, Laplace (tout comme Carnot un peu plus tard), se révèle plus physicien que fonctionnaire et rarement un homme de décision sans avoir obtenu au préalable par la mesure et les sondages, les résultats dont il a besoin pour agir. Instigateur d'une centralisation et d'une augmentation des rapports à lui fournir, il ne pouvait convenir à l'administration consulaire telle que la concevait son véritable maître[15].

Le Premier Consul Bonaparte ne sera pas pour autant un ingrat. A Laplace et aux autres savants qui ont brillamment

---

[15] Du 11 novembre 1799 au 31 décembre 1799, le pouvoir exécutif est détenu par un trio de consuls nommé par les assemblées législatives : Bonaparte, Ducos et Sieyès. Ce dernier qui entre tardivement au Directoire (après avoir refusé d'en faire partie) est dans la dynamique du coup d'état, dynamique dans laquelle il entraîne Ducos, entré au Directoire grâce à l'appui de Barras. Sieyès, après le coup d'état pense pouvoir évincer Bonaparte et devenir l'âme de la nouvelle république dont il espère bien avoir le privilège de rédiger la constitution. C'est presque sous la menace, tout le moins sous la pression de Bonaparte, que Sieyès rédigera son texte avant d'être exclu du pouvoir consulaire lors des élections des consuls en janvier 1800.

servi la République, il offre des places au Sénat nouvellement créé et Laplace s'en retrouve l'un des membres avec Berthollet et Monge notamment.

La carrière scientifique de Laplace, après ce que l'on pourrait voir comme une double consécration, n'est cependant pas terminée. Grâce à sa position à l'Académie, Laplace put à son tour se rendre compte de l'appui qu'il pouvait donner à de nombreux jeunes gens prometteurs qu'il prit sous son aile et à qui il apporta son soutien et avec qui il poursuivit son ambitieux développement scientifique.

Avec les travaux de d'Alembert, la physique devenait intelligible et exprimable grâce aux équations différentielles. Laplace avait continué la voie de son prédécesseur et ses élèves, Biot et surtout Poisson, allaient faire de même formant l'école laplacienne de la physique française.

Devenu propriétaire à Arcueil (1806), Laplace se retrouve voisin de Berthollet qui a bénéficié lui aussi des largesses de Bonaparte. Laplace et Berthollet, tous deux sénateurs, tous deux anciens collaborateurs de Lavoisier vont se retrouver bien nostalgiques du temps où le grand chimiste les réunissait à l'Arsenal, dans son laboratoire pour pratiquer ses merveilleuses expériences qui amenèrent à la fondation de la chimie moderne. Laplace et Berthollet se décident alors à faire revivre ce bon vieux temps des sciences pour les sciences et fondent la Société d'Arcueil où ils accueilleront leurs amis et protégés des sciences.

Berthollet convie ainsi son disciple Gay-Lussac mais aussi Thénard. Quant à Laplace, il fait appel à Poisson et à Biot. Chaptal, Ampère, Malus, Humboldt et Arago seront aussi conviés à faire vivre la Société et à participer à la publication de ses mémoires. La Société définit ses domaines de recherche et lance ses membres dans des expérimentations qui vont lui permettre d'obtenir d'importants résultats. Tout comme l'Arsenal fut le théâtre de la fondation de la chimie moderne en France, les expériences aux laboratoires de la Société d'Arcueil vont grandement contribuer au développement de la chimie (analytique, organique) et de la physique (acoustique, magnétique, ondulatoire) du début du XIXᵉ siècle.

En 1804, Gay-Lussac part faire deux ascensions en ballon (dont l'une avec Biot) pour mesurer le magnétisme terrestre et la composition de l'air selon l'altitude. Grâce à l'influence de Laplace et à la participation de Chaptal, nommé ministre de l'Intérieur, c'est sans difficulté que les deux aérostiers obtiennent les autorisations pour ces vols scientifiques à 4 000 et 7 000 mètres d'altitude.

L'année suivante, après un tour d'Europe où Humboldt l'accompagne, Gay-Lussac publie sur la détente des gaz une loi connue sous le nom de loi de Joule-Gay-Lussac. Grâce aux mesures de chaleur spécifique, aux corrections apportées par Laplace à la formule de Newton sur la propagation du son, à une reformulation des hypothèses et en tenant compte de l'hygrométrie et de la température, le groupe d'Arcueil va aboutir à une corrélation satisfaisante entre les mesures et la théorie.

En 1816, la loi de Laplace sur les transformations réversibles complète les travaux de Gay-Lussac. Cette loi sur une quantité identique de gaz occupant le même volume à deux pressions différentes met en rapport les deux températures différentes observées T_1 et T_2 aux deux pressions mesurées P_1 et P_2 :

$$\frac{P_1}{T_1} = \frac{P_2}{T_2}$$

La loi de Gay-Lussac peut alors se linéariser sous la forme $P = P_0.[1 + \beta.(T - T_0)]$ qui fait montre de cette proportionnalité[16]. Afin de rendre compte de l'influence du milieu et de ses propriétés, Laplace introduit également une loi des gaz reliant la pression et le volume d'un gaz à un coefficient thermique.

On passe ainsi de $PV = cste$ à $PV^\gamma = cste$ où γ est un facteur thermodynamique appelé coefficient de Laplace. Cette loi modélise l'idée que lors de la propagation du son, l'air qui vibre sous la contrainte de la pression transmise, n'émet ni ne reçoit à ce moment d'énergie thermique du milieu extérieur. La transformation est alors adiabatique et réversible (on dit également isentropique).

Grâce aux mesures physiques réalisées en 1822 entre Montlhéry et Villejuif où furent présents la plupart des membres de la Société, les mesures expérimentales confirmèrent cette théorie.

Le son ne fut pas le seul domaine exploré par les scientifiques d'Arcueil et le groupe s'intéressa également à la lumière et au magnétisme, deux domaines où ils n'eurent pas forcément des idées identiques.

En 1815, avec la chute de l'Empire, Laplace conserve ses prérogatives auprès de Louis XVIII. Bien qu'il fût couvert d'honneurs par Napoléon, promu comte d'Empire et membre de la légion d'Honneur, Laplace n'hésite pas en tant que sénateur à voter la déchéance de l'empereur, convainquant qui voulait l'entendre (comme Berthollet) de

---

[16] Les travaux de Nicolas Carnot puis d'Emile Clapeyron et d'Henri-Victor Regnault aboutiront à déterminer la valeur de ce coefficient β dont l'inverse s'approche de 273,15 °C, c'est-à-dire de la valeur du zéro absolu…

suivre ce vote logique. La réputation carriériste de Laplace ne semble donc en rien exagérée puisqu'autant avant, pendant et après la Révolution, Laplace conserva ses titres, ses prébendes et ses prérogatives. Cependant, Laplace vieillissant, que ce soit à l'Académie ou à Arcueil, ses idées et son influence commencèrent à être discutées par l'un de ses anciens élèves tout aussi prometteur que talentueux dans les mêmes domaines que lui, François Arago.

Polytechnicien, membre de l'Observatoire de Paris, membre de l'Académie des Sciences depuis son retour d'Espagne où il prolongea les mesures du mètre avec Biot, Arago n'est pas convaincu par les théories de Laplace et de Newton sur la lumière et le magnétisme. Dans ces deux domaines, il discutera contre Biot et avec Ampère et Fresnel de leurs vues sur la question et ce, non sans raison[17].

De ces oppositions fécondes naîtront de nouvelles théories qui méritent d'être remarquées. Après la découverte de la polarisation de la lumière par réflexion par Malus, Arago montra que deux lames de quartz correctement utilisées permettent d'obtenir une déviation (rotation) du plan de polarisation (1811).

Biot s'attacha à utiliser cette polarisation dans l'étude des solides (1812) grâce auxquels il découvrit qu'il existait deux rotations possibles. De ses études dans les liquides (1815), il mit en évidence un lien entre concentration d'une espèce active sur la lumière et cette déviation constatée. La loi de Biot, formulée par Laplace,[18] traduit cette relation :

---

[17] Sur Arago et Ampère voir Les Savants Aventuriers, La Face Cachée des Grands Inventeurs.

[18] Laplace a laissé son nom à plusieurs lois mathématiques mais il est fort probable que la loi d'électromagnétisme qui porte son nom ne soit pas de son fait.

$$\alpha = c.\, l.\, [\alpha]_D^{273}$$

> Formulée entre 1812 et 1820, la loi de Biot met en évidence une relation à trois paramètres entre la mesure d'une déviation d'angle (α) du plan de polarisation et la concentration de l'espèce en fonction de la longueur de la cuve contenant l'échantillon et de sa nature fondamentale à dévier la lumière.

Arago reste cependant convaincu que la lumière est de nature ondulatoire et non corpusculaire. Après 1815, il commence une correspondance avec un jeune ingénieur des ponts et chaussées coincé en province, Augustin Fresnel qui s'intéresse, sous l'impulsion d'Arago, à la lumière et à ses propriétés.

De par leur collaboration, Fresnel va produire d'importants résultats dans le domaine qui vont affaiblir la théorie corpusculaire de Newton. Il met ainsi au point un appareil polarisant qui permet d'obtenir de la lumière polarisée circulairement à partir de polarisation rectiligne : « la lumière ainsi modifiée pouvait être considérée comme composée de deux faisceaux qui suivent la même route, mais sont polarisés dans des directions rectangulaires et diffèrent dans leur marche d'un quart d'ondulation ». Il constate alors que la propagation de cette lumière dépend de sa polarisation, ce qui lui permet d'aboutir à une loi mathématique :

$$\alpha = (n_G - n_D).\frac{\pi.\, l}{\lambda}$$

Dans la formule qui précède, l'angle mesuré α est

directement lié à la différence de propagation à la même longueur d'onde de l'onde polarisée circulairement droite par rapport à celle de gauche, chacune se retrouvant caractérisé par un indice de réfraction n. L'expérience est remarquable. Elle montre que plus qu'une simple interaction avec la matière, si la lumière subit une polarisation, dans un milieu transparent, cette polarisation influencera sa propagation.

Le résultat est déjà spectaculaire mais Fresnel peut faire encore mieux. Dans une partie importante de son travail, Fresnel s'attèle à donner par ses travaux sur le phénomène d'interférences, étudié lui aussi quelque temps plus tôt par Thomas Young, une explication théorique convenable mais qui semble douteuse car elle prédit qu'au centre d'une figure d'interférences, la lumière serait en mesure d'engendrer de l'obscurité, c'est-à-dire un éclairement nul.

La théorie confrontée à l'expérience, donna un résultat que n'attendait pas Poisson (qui fut membre de la commission d'étude du mémoire) à savoir qu'effectivement au centre d'une figure d'interférences, de la lumière puisse produire de l'ombre ! Ce triomphe, un de plus en faveur des idées d'Arago, allait à l'opposé de la théorie de Newton, soutenue par Laplace et Biot notamment.

Arago devenu secrétaire perpétuel à l'Académie des Sciences (1815), professeur à l'École Polytechnique par ses intuitions fort habiles à avancer à contre courant dans ces domaines, participa à l'effritement de l'influence de Laplace. On le retrouve ainsi avec Ampère avec qui il fonde l'électrodynamique entre 1820 et 1827 en opposition à Biot qui avec Félix Savart possède une vision bien différente de la naissance d'un champ magnétique formé par un élément de courant.

Il ne faut pas croire que la révolte d'Arago soit purement opportuniste et un moyen d'évincer Laplace. En réfutant par exemple la théorie de la propagation de la chaleur énoncée par Fourier et décriée par Lagrange, l'école laplacienne faisait parfois montre d'un totalitarisme scientifique qui rend son jugement discutable et va provoquer en partie sa perte. Si Berthollet et Laplace ont voulu poursuivre les œuvres de Lavoisier et de Newton, ils ont semblé quelque peu réticents à en accepter les imperfections et à en admettre les limites. La Société d'Arcueil se désagrège donc à partir de 1815 et suite à la mort de Berthollet survenue en 1822, n'existe plus vraiment. On peut considérer qu' à la mort de son second fondateur, en 1827, elle finit par disparaître après avoir servi grandement au développement des sciences physiques et chimiques françaises.

Laplace qui a su assurer sa condition après la chute de l'Empire, s'est vu conforté dans son rôle d'homme politique français avec le titre de pair de France accordé par Louis XVIII en 1816. Il est donc appelé à débattre à la Chambre Haute. Nommé marquis en 1817, ses dernières années sont également marquées par la fin de son Traité de mécanique céleste (1825) et les confirmations de sa théorie sur la propagation du son (1822).

L'héritage de Laplace dont le nom est encore aujourd'hui dans tous les manuels de physique, est considérable. Conscient de son niveau élevé en mathématiques, Laplace rédigeait vite, vérifiait peu ses calculs, passait sur certaines étapes de démonstration qu'il savait faire de tête mais qu'il oubliait parfois à la relecture. En plus de l'acoustique, le magnétisme, la lumière, de l'astronomie, Laplace s'est intéressé aux mathématiques pures et aux probabilités.

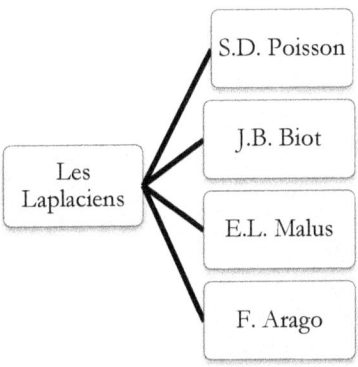

Généalogie scientifique de Laplace (1749 – 1827)

C'est principalement à la Société d'Arcueil et à l'Académie des Sciences que Laplace travailla avec cette jeune génération de savants qui allait développer la physique mathématique à sa suite, en modifier certains aspects et développer de nouveaux modèles en accord avec les découvertes des années 1820.

Des grands savants physiciens et chimistes qui furent proches de Napoléon, Laplace est considéré comme un opportuniste sans borne, un homme politique sans envergure, un sycophante mielleux et soumis au pouvoir, capable d'être autant royaliste que républicain, une girouette habile à se retrouver sans la moindre peine dans le sens du vent qu'il soit républicain ou royaliste.

Contrairement à Monge qui subit de plein fouet les foudres du roi à cause de son soutien indéfectible à Napoléon (Monge était véritablement son ami sincère), Laplace réussit à maintenir ses prérogatives lors des changements de gouvernement à la Restauration.

Arriviste, il semble également que Laplace ne se fut pas

encombré d'honnêtes reconnaissances envers ceux qui auraient peut-être mérité de voir leur nom dans l'histoire des sciences à sa place. Plusieurs scientifiques eurent à souffrir de cette spoliation, de se voir dépouillés d'une aura de gloire éphémère au profit de celui qui effectivement, possède son nom bien ancré dans les domaines des mathématiques et de la physique. Il apparaît que Young en Angleterre et Lagrange en France eurent à souffert de cette avidité. Vraisemblablement Laplace ne servit que Laplace, que ce soit dans les sciences ou dans la politique…

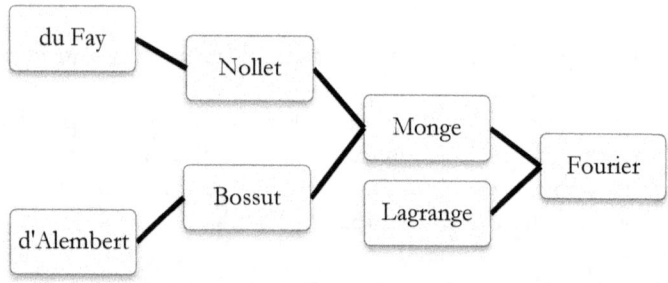

Généalogie scientifique de Nollet et d'Alembert

Après Laplace, un autre grand mathématicien participe à l'héritage de Nollet en contribuant à former l'un de ses descendants, Fourier, qui sera influencé à la fois par les mathématiques nouvelles mais aussi par la physique des fluides. Il s'agit du mathématicien Lagrange…

***

JOSEPH-LOUIS LAGRANGE
(1736 – 1813)

Lagrange fait partie de ces scientifiques dont la carrière connut un second voire un troisième souffle « grâce » à la Révolution et à la fondation de l'X, la fameuse École polytechnique. Né en 1736, cet italien originaire du Piémont (tout comme Berthollet) étudie tout d'abord à Turin avant de devenir professeur à l'Ecole d'Artillerie et d'entretenir une correspondance soutenue avec Euler. Ses travaux et publications en mathématiques lui valent la reconnaissance de l'Académie de Berlin où il se rend en 1766 pour s'y installer. Il y prend la direction de la classe de mathématiques succédant à Euler qui a décidé de rejoindre l'Académie de Saint-Pétersbourg pour échapper au mépris de l'empereur Frédéric II bien plus proche de Maupertuis ou de Voltaire que de lui.

Jusqu'en 1783, la production de Lagrange assoit sa renommée et sa position d'un des plus grands mathématiciens de l'époque. En 1787, Lagrange rejoint Paris et l'Académie des Sciences et l'année suivante, il publie son traité de mécanique analytique qui fait le lien entre l'étude des systèmes physiques dynamiques et les outils mathématiques variationnels nécessaires à leur étude.

$$\frac{\partial p_i}{dt} = \frac{\partial \mathcal{L}}{\partial q_i}$$

C'est dans cette optique que Lagrange donne l'équation ci-dessus qui fonde la description en tout point de l'espace à n'importe quel instant t de l'évolution d'un système ! Ce système est défini par ses positions spatiales q (qui peuvent être multiples), leurs dérivées par rapport au temps, notées $\dot{q}$, et qui sont liées d'une part à une grandeur d'accroissement p et d'autre part à une fonction mathématique $\mathcal{L}$, le lagrangien.

$$p_i = \frac{\partial \mathcal{L}}{\partial \dot{q}_i}$$

Rappelons qu'à cette époque, ni les forces ni l'énergie n'existent sous une forme moderne. La représentation lagrangienne d'un système met en relation l'énergie (représentée par la fonction lagrangienne $\mathcal{L}$) et le temps en s'appuyant sur le principe de moindre action de Maupertuis. Autrement dit, l'équation précédente indique que quel que soit l'ensemble des contraintes soumises par un système, sa réponse sera optimale face à ces contraintes et donc l'énergie dépensée minimale.

Formulée correctement dans un système cartésien pour l'étude d'une particule de masse m, à la vitesse v soumise à l'influence d'un potentiel V, l'équation de Lagrange permet d'aboutir à :

$$m\ddot{x} + \frac{\partial V}{\eth x} = 0$$

Ce qui, pour les forces conservatives dérivant d'un potentiel permet d'écrire :

$$ma - F = 0$$

Indiquons pour en terminer avec la seconde loi de Newton formulée au temps de Lagrange que l'action, ancêtre de la force, était définie de manière calculatoire par l'intégrale suivante :

$$S = \int \mathcal{L}(\varphi_i)\, d^n s$$

Le principe de moindre action s'écrivait quant à lui :

$$\frac{\delta S}{\delta \varphi_i} = 0$$

Le lecteur non initié aux mathématiques voire le physicien moderne trouvera peut-être cette écriture déroutante mais significative d'une époque en pleine recherche de l'adéquation entre un modèle semi-empirique qui se doit d'approcher une réalité physique pour laquelle on ignore si les outils conceptuels que l'on utilise sont efficaces.

On remarquera également que si l'idée d'action peut sembler intuitive, elle n'est pas si aisée à attacher à un concept physique moderne. Le lagrangien représente un opérateur, qui pourra devenir matriciel, chargé de décrire tout le système en prenant en compte ses paramètres dynamiques φ_i quels que soient ces paramètres, aussi inconnus soient-ils. L'outil véritable que l'on manie alors est bien mathématique sur lequel se font des hypothèses d'utilisation, des liaisons entre les paramètres et s'appuyant sur des comportements extrêmaux (la dérivée d'un ou de plusieurs paramètres égale zéro).

Il sera aisé de comprendre cependant pourquoi cette physique lagrangienne plut tant à Laplace puisqu'elle permettait d'atteindre l'élaboration d'un problème, d'en chercher les solutions et une fois celles-ci obtenues, d'observer que ces solutions pilotées par l'équation de Lagrange puisse décrire en chaque instant l'ensemble des paramètres du système que l'on étudie (position, vitesse, accélération, trajectoire, etc.).

Engendrée en partie par les travaux de Lagrange puis d'Euler à partir de 1755 et aboutissant d'une part aux équations de Lagrange-Euler et au calcul des variations d'autre part (1766), la description lagrangienne d'un système montrera ses limites par sa complexité lorsqu'il fallut par exemple l'appliquer à la mécanique des fluides où les travaux de Navier (1785 – 1836) s'inspirèrent d'un autre mode de description mathématique de ce genre de système.

Durant la Révolution, Lagrange fait partie des incontournables scientifiques. Appelé à la Commission des Poids et Mesures, il s'occupera donc du mètre et du système décimal. Epargné par la Terreur bien que radié de la Commission et des Académies à leur suppression (1793 – 1794), il est appelé comme professeur de l'Ecole Normale, membre du Bureau des Longitudes (1795) et professeur de mathématiques à l'Ecole Polytechnique en 1797.

Fait sénateur par Napoléon dès 1799 (comme Monge, Berthollet et Laplace) puis comte d'Empire et membre de la Légion d'Honneur, il entre au Panthéon l'année de sa mort en 1813.

Si l'on regarde à présent les élèves qu'eut Lagrange et qui profitèrent pleinement de son enseignement en mathématiques, il faut citer deux étudiants qui vont devenir à leur tour des maîtres dans le domaine. Louis-Joseph Fourier profita ainsi des enseignements intensifs de l'École Normale de l'An III avec comme professeurs en mathématiques, Laplace, Lagrange et Monge. Nous aurons à revenir sur cet hériter de Monge et donc de Nollet qui innova dans le domaine des mathématiques avec l'invention des séries qui portent son nom et qui élabora une théorie analytique de la chaleur gardant comme postulat de départ le déplacement d'un fluide thermique inspiré des fluides de Lavoisier et de Nollet. Le second élève, que Lagrange eut à l'École Polytechnique n'est autre que Poisson dont nous aurons aussi à reparler. Lagrange a également influencé Niels Abel, Evariste Galois, mais aussi Augustin Cauchy et Adrien-Marie Legendre.

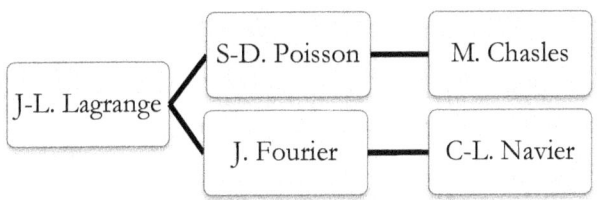

Généalogie scientifique de Lagrange (1736 – 1813)

Fourier est le descendant scientifique de Lagrange et de Monge et donc un des héritiers de la dynastie de Nollet. Poisson quant à lui, sera rattaché à la descendance de Lagrange et contribuera plus tard à l'héritage savant de Nollet…

INTERLUDE : LA SUCCESSION SCIENTIFIQUE À LA RESTAURATION (1815 – 1830)

La fin du Premier Empire est la fin de la carrière politique d'un homme, l'empereur Napoléon Ier dont la déchéance forcée en partie par les intrigues du subtil et très ambitieux Joseph Fouché permit, après les Cent-Jours, au roi et à la royauté de revenir finalement au pouvoir et ce pour longtemps (1815 – 1849). L'Académie Royale des Sciences est ressuscitée et comme les autres académies, elle fut en partie purgée des irréductibles partisans de Bonaparte.

Des anciens chimistes et physiciens qui furent témoins de la Révolution, Lavoisier, Haüy, Fourcroy, Chaptal, Guyton de Morveau, Monge, c'est Lavoisier qui disparaît le premier en 1794. Il est suivi en 1799 par Borda puis Méchain (1804), Coulomb en 1806, Malus (1807) et Fourcroy (1809). Cette triste liste se poursuit en 1813 avec Lagrange, en 1816 avec Guyton de Morveau puis en 1822 où Haüy et Berthollet tirent à leur tour leur révérence. En 1827 ce sont Fresnel et Laplace que l'on perd et en 1830 Fourier avant Chaptal (1832) puis Ampère (1836).

La Restauration politique s'accompagne en quelque sorte d'une succession scientifique qui se fait dans les derniers pas des grands savants qui connurent la fin de l'Ancien Régime, la Révolution et l'Empire. C'est durant cette période de 1815 à 1830 qu'une « nouvelle génération » de savants va prendre la place de l'ancienne et poursuivre ses développements et ses influences.

La relève scientifique va donc se faire parmi les brillants élèves des illustres professeurs, académiciens, chercheurs qui interviennent dans les grandes institutions scientifiques parisiennes, dans les Grandes Écoles, les Facultés ou encore au Collège de France.

Ces nouveaux noms de la physique et de la chimie qui fleurissent et tendent vers leur apogée durant la Restauration sont Biot, Arago, Thénard, Gay-Lussac, Chevreul, Ampère, Dumas, Courtois, Balard, Poisson, Cauchy, Dulong, Petit, Clément, Désormes, Antoine-César Becquerel, Poncelet, Frémy, Pelouze, Payen, Sainte-Claire Deville, Deherain pour n'en citer que quelques uns.

Si l'impulsion napoléonienne n'est plus présente pour encourager le développement scientifique, la culture qui s'était développée durant cette période où savants et homme d'état pouvaient être la même personne se poursuivit jusqu'à la révolution de 1848. Certains bien sur, trouvèrent ces alliances contre nature et se refusèrent à courber l'échine devant le pouvoir, craignant de perdre leur libre arbitre ou estimant que le rôle du savant se devait d'être attaché à son sacerdoce dans sa tour d'ivoire.

Après 1815, le Sénat Conservateur, le Tribunat et le Corps Législatif, organes d'état instaurés par Napoléon sont supprimés. Louis XVIII revient à une constitution monarchique plus simple avec deux chambres, la Chambre des Députés des Département et la Chambre des Pairs. Certains savants comme Laplace ou Monge seront directement intégrés à cette chambre haute. D'autres comme Thenard et Gay-Lussac seront d'abord élus députés avant de devenir sénateurs sous l'un ou l'autre des régimes avant ou après la Révolution de 1830.

***

JEAN-BAPTISTE FOURIER
(1768 – 1830)

S'il est un physicien qui peut avec brio incarner la transition de l'époque révolutionnaire à celle de la Restauration, qui en a subi les rigueurs et qui sut de par son engagement scientifique et politique s'imposer comme un personnage savant, un fonctionnaire remarquable et un continuateur des idées de Laplace et Lavoisier dans le domaine de la thermochimie, c'est bien Fourier.

Mathématicien, physicien et thermodynamicien, Joseph Fourier est très tôt orphelin. Destiné à une carrière monastique à laquelle il préféra les sciences, il veut servir dans l'artillerie mais on lui en refuse l'entrée réservée à l'époque à la noblesse à laquelle il n'appartient pas. Donnant des cours dès l'âge de seize ans, il en a vingt et un à la Révolution. Partisan de la République et ayant assuré des charges à la fois monastiques et judiciaires, il est accusé, emprisonné (1793) et condamné à mort (1794).

Heureusement pour lui, il est depuis peu de temps en prison lorsque le complot mené pour faire tomber Robespierre et mettre fin à la folie de la Terreur réussit. L'Incorruptible est arrêté puis exécuté. Les prisons sont vidées des nombreux prisonniers enfermés pour des raisons plus que douteuses et Fourier échappe ainsi de peu à l'échafaud.

Libéré à la chute de Robespierre, il fait partie des enseignants recrutés par la République pour suivre les cours de haut vol de l'Ecole Normale de l'An III, une école pour professeurs appelés à enseigner par la suite dans les Écoles Centrales. Dans cette école éphémère, créée par Carnot et Fourcroy, les professeurs sont alors Lagrange, Laplace, Monge, Haüy et Berthollet. En 1797, repéré par Monge, Fourier devient professeur de mathématiques à l'Ecole Polytechnique comme titulaire de la chaire de mécanique.

En 1798, le Général Bonaparte part pour l'Egypte. Il emmène avec lui une quarantaine d'élèves de l'École ainsi que quelques enseignants complétant le corps des 150 savants qui l'accompagne. Fourier fait partie de cette expédition scientifique et militaire.

Fourier reste en mission scientifique au Caire jusqu'à la fin de la campagne d'Egypte en 1801. Durant cette période, il est assigné à plusieurs missions scientifiques pour le compte de l'Institut d'Egypte et s'occupe également de diplomatie. De retour en France, il est appelé à Paris par Berthollet et Chaptal afin de faire partie des directeurs de rédaction des comptes-rendus de l'Expédition d'Egypte dont il sera chargé de la préface.

Bonaparte qui de général est devenu Premier Consul, le nomme préfet de l'Isère et l'envoie à Grenoble. Il y crée une université dont il est de facto recteur, remarque Champollion et Vicat, partage son bureau avec Stendhal lorsque celui-ci est nommé aux finances et aux arts et use de son temps libre pour étudier la propagation de la chaleur.

Dans ce domaine, Fourier qui a étudié les mathématiques avec Lagrange cherche cependant à mathématiser la propagation d'un fluide qu'il relie à la température, fluide qui est l'héritier du calorique de Lavoisier et du fluide électrique de Nollet et Franklin.

Il élabore cette équation dès 1811 et commence à en chercher les solutions qui vont déboucher sur un travail mathématique d'importance, les séries de Fourier.

$$\frac{\partial T(x,t)}{\partial t} = D\Delta T(x,t) + \frac{P}{\rho.c}$$

Cette équation choisit comme variable de la température T sa position x dans l'espace et son évolution t dans le temps. Elle prend en compte la diffusivité D, la production de chaleur P pour un matériau de chaleur massique c et de masse volumique ρ.

Lorsqu'on étudie un milieu où « s'écoule la chaleur », l'équation précédente se simplifie :

$$\frac{\partial T}{\partial t} + D_{th}\Delta T = 0$$

Il est intéressant de remarquer que même si l'équation de Fourier n'est pas inscrite dans la lignée des travaux de Lagrange et de Laplace, elle indique de par son usage du laplacien noté Δ une certaine filiation dans son élaboration.

Dans l'idée de Fourier, c'est bien de la chaleur qui est transportée d'un point à un autre d'un matériau. Vu de l'extérieur, l'écoulement ne peut avoir qu'un seul sens : du point où la température est la plus élevée vers le point où celle-ci est la plus basse. De ce fait, il existe une certaine analogie entre le déplacement du courant électrique, du potentiel le plus élevé au potentiel le plus faible et l'écoulement thermique de Fourier. Cette idée d'écoulement qu'il faut réussir à exprimer de manière mathématique est à présent exprimable à l'aide d'outils modernes mais débute par une expression assez simple.

En repartant de « l'équation de Franklin », qui est une équation de conservation de la charge électrique ou de l'écoulement, il est possible d'aboutir à la forme locale de la loi d'Ohm qui sous sa forme moderne est une loi de diffusion de charges électriques :

$$\vec{j} = \sigma.\vec{E}$$

Il est alors possible de relier la conductivité surfacique σ, le vecteur densité de courant $\vec{j}$ et le potentiel V selon l'expression suivante :

$$\vec{j} = -\sigma.\overrightarrow{grad}\,V$$

La diffusion thermique est alors reliée de la même manière à une loi identique :

$$\vec{J_q} = -\Lambda.\overrightarrow{grad}\,T$$

Le vecteur densité de chaleur j_q est alors associé à une conductivité thermique Λ et à la température T.

De 1807 à 1822, Fourier s'emploie à élaborer et construire son équation avant d'en chercher les solutions. A partir de

1815, son exil provincial à Grenoble est terminé. L'empereur qui dans un dernier sursaut est venu frapper à sa porte à l'aube des Cent-Jours, alors qu'il est en route pour Paris, ne vit pas « l'ancien d'Egypte » lui ouvrir et l'accueillir à bras ouverts.

Après la chute de l'Empereur, Fourier libre de ses engagements et démis de ses fonctions de préfet, peut rejoindre la capitale et y poursuivre sa carrière scientifique et y défendre sa théorie analytique de la chaleur. Reçu à l'Académie des Sciences (1817), il en devient le secrétaire perpétuel quelques années plus tard (1822).

Vraisemblablement doué pour les arts et pas seulement ceux qui avaient attrait aux mathématiques et à la physique, il entre à l'Académie Française (1826) au fauteuil n°5. Il n'est pas le seul philosophe naturel à occuper une place prestigieuse parmi les immortels puisque Laplace y est également depuis 1816. A cette époque, Chateaubriand y siège également (depuis 1811).

Le nom de Fourier est aujourd'hui incontournable lorsque l'on parle du traitement de l'analyse numérique d'un signal, principalement basé sur les séries et les transformées qui portent son nom. Fourier, héritier de Lagrange, contribuera à développer une branche nouvelle des mathématiques et permettra aux physiciens futurs de pouvoir poursuivre dans différents domaines avec les outils qu'il aura réussi à créer.

Une grande partie de l'œuvre scientifique de Fourier consistera à défendre sa théorie pour en expliquer le bien fondé. Celle-ci sera de prime abord considérée comme peu convaincante, par Lagrange notamment et par un autre de ses élèves qui rivalisera avec Fourier jusqu'à élaborer une théorie similaire de la chaleur, Poisson.

SIMÉON-DENIS POISSON
(1781 – 1840)

Le jeune Siméon-Denis porte une partie du prénom de son père, Siméon, dont il fut le seul jeune fils à survivre aux rigueurs mortelles de l'enfance qui fragilisèrent de fait sa constitution. Décidé à obtenir pour son cadet une enfance prometteuse, Siméon Poisson le place tout d'abord chez une nourrice qui possédait l'habitude de le suspendre dans ses linges au mur de sa maison, uniquement attaché à un clou lorsqu'elle devait s'absenter, ce qui, bien évidemment ne fut pas au goût du père de l'enfant lorsqu'il le découvrit.

Par la suite, Poisson devint élève à l'école centrale de Fontainebleau et fit l'admiration de son professeur, Monsieur Billy, qui l'encouragea à poursuivre et à concourir à l'Ecole polytechnique. Poisson passa le concours en 1798 dont il fut reçu major, montrant sa connaissance poussée dans les arts mathématiques mais s'illustrant aussi par sa maladresse dans une discipline d'art et de géométrie ancêtre du dessin industriel.

Poisson en fut justement dispensé par ses professeurs qui se rendirent à l'évidence que l'avenir du jeune homme ne serait pas dans une carrière d'ingénieur. Son père le destina tout d'abord à la médecine puis à la magistrature mais sa maladresse naturelle et son peu de motivation le dévièrent de ces deux voie de carrière. A l'École polytechnique, entre 1798 et 1800, le professeur de mathématiques le plus remarquable restait le père de la mécanique analytique, le grand mathématicien Lagrange. Durant l'année 1798-1799, plusieurs grands professeurs de l'école étaient manquants : Fourier, Berthollet et Monge étaient partis en Egypte avec le général Bonaparte. Dans la promotion de 1797, celle des deuxièmes années, se trouvait Gay-Lussac. Si Poisson ignorait encore quelles seraient les remarquables œuvres que son parcours après l'Ecole allait lui permettre de réaliser, il eut également à connaître, une fois en seconde année, d'autres étudiants célèbres, dont les parents avaient déjà inscrit leur nom dans l'Histoire de France : dans cette promotion qui allait suivre, celle de 1799, Poisson serait à même de pouvoir côtoyer Hyacinthe de Bougainville, le fils du célèbre amiral et Antoine-Elie Lamblardie, le fils du célèbre directeur de l'Ecole des Mines et l'un des fondateurs de l'Ecole polytechnique.

Poisson va très rapidement créer sa réputation en réussissant quasiment à répondre à toutes les questions du professeur Lagrange qui, de son côté, découvre qu'il possède parmi ses élèves un étudiant dont le niveau en mathématique est en train de devenir exceptionnel.

Devenu répétiteur à l'École (1800), celle-ci le nommera professeur suppléant en 1802 et titulaire en 1806, appelé à succéder à Fourier lorsque celui-ci est fait préfet de l'Isère. En 1809, à la création de la Faculté des Sciences, Poisson devient titulaire de la chaire de mécanique rationnelle.

A cette époque, Poisson a déjà marqué son attachement aux valeurs républicaines de l'École polytechnique, dans la pure tradition morale de sa création. Lorsqu'en 1804 le premier consul Bonaparte devint empereur et s'attendit au soutien immodéré de toutes les instances politiques et académiques de Paris, Poisson fit partie des « dissidents » républicains qui montrèrent leur réticence à ce changement de statut. L'anecdote que raconte Arago sur Poisson indique que le jour du sacre, Poisson réserva une table d'un restaurant sur le chemin du défilé et resta ostensiblement assis lors du passage du cortège.

Devenu membre de l'Institut en 1812 dans la section de physique, il continua encore à s'opposer aux décisions militaires de l'empire et tout comme Fresnel, n'aurait pas hésité à se porter volontaire pour rejoindre l'armée lors des Cent-Jours si sa santé fragile ne l'aurait mis en danger.

A la chute définitive de l'Empire, en juin 1815, Poisson de par son opposition manifeste au pouvoir napoléonien, fait partie des savants que la royauté veut récompenser. Anobli baron en 1821, fait pair de France en 1837, le « royaliste » Poisson d'avant 1830, semble bien suspect au début de la monarchie de Juillet où l'on cherche à le démettre de ses fonctions. Curieuse époque où d'une monarchie à l'autre, l'entourage du nouveau monarque, ses conseillers et ses ministres semblaient enclins à régler des comptes avec les savants qui avaient le tord d'être exceptionnels et récompensés pour cela. Heureusement pour Poisson inaccoutumé à nager dans les eaux troubles de la politique, il put compter sur l'appui d'Arago et surtout de Louis-Philippe qui, se rappelant les professeurs excellents de ses enfants, n'aurait pour rien au monde discuté son talent et son savoir, lui évitant ainsi par la suite toute inquiétude.

A l'Académie des sciences, Poisson possédait l'appui des autres savants qui furent bien impatients de l'y voir entrer et se décidèrent même à lui offrir une place dans la section de physique alors qu'il semblait affirmé qu'il fut mathématicien. La chose était évidente. Pour Lagrange tout d'abord puis pour Laplace qui l'eut remarqué par ses brillants mémoires où Poisson semblait avoir le don de réécrire en un langage mathématique plus éclatant et plus limpide des transformées ou des équations jusque là d'un abord plus complexe.

Laplace qui poursuivait ainsi la mathématisation de la physique newtonienne trouva en Poisson un disciple et un héritier qu'il affectionnait particulièrement (Berthollet fit de même avec Gay-Lussac). Introduit parmi les membres actifs de la Société d'Arcueil, Poisson s'occupa également comme nous l'avons dit plus haut de physique et notamment d'électricité statique où, s'appuyant sur la théorie des deux fluides de Dufay, il obtint une équation fondamentale de la physique et de l'électricité. L'influence dans ce domaine était double puisque les pères de l'électrostatique théorique étaient d'une part Benjamin Franklin avec la théorie du fluide aériforme et Dufay avec l'existence d'une double électricité, résineuse et vitreuse occupant deux fluides de propagation contraires et préfigurant l'existence des charges électriques que mettrait plus tard en évidence Coulomb. Il existe aujourd'hui une formulation moderne de la théorie du fluide électrique de Franklin qui est généralement associée aux équations de Maxwell-Gauss et permet d'introduire le vecteur densité de courant, $\vec{j}$:

$$div\vec{j} + \frac{\partial \rho}{\partial t} = 0$$

La théorie des fluides, soit héritée de la propagation aérienne (éther, phlogistique) soit pensée comme une véritable propagation à l'intérieur d'un solide (que l'on ne pensait pas pouvoir pénétrer) donna lieu à d'âpres discussions. Franklin inspira Lavoisier lorsqu'il remplaça le phlogistique par le calorique et Lavoisier inspira l'un des fondateurs de la thermodynamique moderne, Fourier lorsqu'il produisit sa théorie analytique de la chaleur en 1822.

La perception du travail de Fourier par les laplaciens fut tout d'abord négative et Lagrange s'en émut fortement lorsqu'il eut à lire et statuer sur le mémoire de Fourier. Cependant, il s'avéra par la suite que les mesures et la théorie coïncidaient. Poisson enfonça quelque peu le clou en produisant en 1835, une théorie mathématique de la chaleur propre à reprendre le travail du célèbre préfet et à l'en rendre, une fois de plus dans ses équations, plus clair.

La thermodynamique et l'électricité ne furent pas les seuls domaines explorés et complétés par Poisson. Dans le domaine de l'électromagnétisme, à la suite des travaux précurseurs d'Ampère et d'Arago d'une part, de Biot et de Savart d'autre part, Poisson s'intéressa lui aussi au magnétisme et aux causes qui lui donnent naissance. On doit à Poisson la naissance de l'écriture du champ d'excitation $\vec{H}$ qui sera par la suite conservée*.

A la croisée de ces deux domaines que sont la gravitation et la physique électrostatique, Poisson va engendrer une équation qui porte son nom et qui complète les travaux de Laplace.

Cette équation, peu usitée sous sa forme différentielle est une extension de l'équation de Laplace :

$$\Delta V + 4\pi\rho = 0$$

Elle indique une relation entre un potentiel V et une

grandeur de « densité » volumique, ρ, associée à un objet ponctuel qui la possède.

Grâce aux travaux mathématiques de Gauss (1831) et d'Ostrogradski (1834), appliqués à l'une des équations différentielles du champ électrique écrite par Maxwell, on peut montrer que l'équation de Poisson s'applique dans un milieu matériel où réside une charge électrique immobile. Elle permet d'obtenir l'équation de Maxwell-Gauss :

$$div\ \vec{E} = \frac{\rho}{\epsilon}$$

L'équation de Poisson s'applique également dans le cadre de la théorie de la gravitation où l'on peut également appliquer le théorème de Gauss en faisant une analogie astucieuse entre une densité de charge électrique et une « densité de masse volumique. »

$$div\ \vec{G} = \rho.g$$

$\vec{G}$ représente alors un champ de force gravitationnel (tout comme E représente un champ électrique) et g la constante gravitationnelle associée à une masse de densité volumique ρ.

Cette forme peu usitée donne cependant des résultats similaires à ce que l'on connait en électricité. En effet, l'intégration de ces formes permet d'obtenir d'une part l'expression du champ électrostatique et de la force électrostatique et d'autre part, l'expression du champ gravitationnel et celui de la force gravitationnelle de Newton.

$$\iiint div\ \vec{E}\ d\tau = \oiint \vec{E}.\overrightarrow{dS} = \iiint \frac{\rho}{\epsilon}\ d\tau$$

Ci-dessus, l'égalité de Stokes-Ostrogradski qui permet de transformer la divergence d'un champ en son flux, c'est-à-dire la somme de ses lignes de champ au travers d'une surface. C'est un théorème important car il permet d'étudier en deux dimensions un problème généré en trois.

En poursuivant l'égalité par l'intégration de la densité volumique, on montre que le flux du vecteur électrostatique $\vec{E}$ égale la charge q contenue dans un volume sur lequel s'appuie la surface que l'on a définie.

Soit :

$$\oiint \vec{E}.\overrightarrow{dS} = \frac{q}{\varepsilon}$$

Ce qui permet d'obtenir l'expression mathématique de $\vec{E}$ et celle de la force électrostatique $\vec{F}$ que l'on peut associer à une charge autre, placée dans ce champ $\vec{E}$.

Le même raisonnement, par l'intermédiaire de l'équation de Poisson, du théorème de Stokes-Ostrogradski, s'applique à la gravitation. On obtient alors l'expression de la force gravitationnelle d'attraction entre deux masses telle qu'on la pense écrite dans les Principia de Newton.

Reconnu pour ses travaux remarquables, en tant que professeur à l'École polytechnique et à la Faculté de Paris, Poisson eut des étudiants qui devinrent à leur tour célèbres comme Liouville ou Chasles. A l'École polytechnique, c'est François Arago, également élève de Jean-Baptiste Biot qui se révèlera être une personnalité scientifique et politique de premier plan durant la Restauration.

Poisson, harassé par une vie de labeur, s'éteint en 1840.

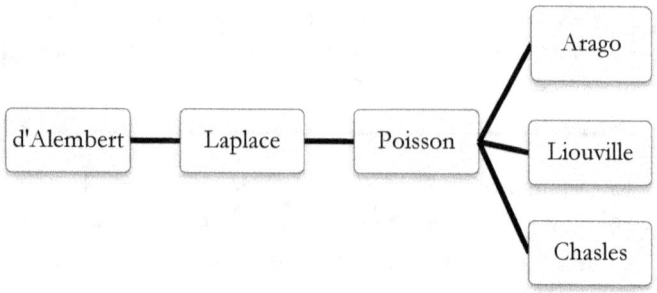

Généalogie scientifique de Poisson (1781 – 1840)

En succédant à D'Alembert et Laplace, Poisson appartient à la branche cousine des descendants de Dufay et de Nollet dont Fourier représente le dernier héritier évoqué jusqu'ici. Fourier est le fils de Monge et de Lagrange tandis que Poisson est celui de Laplace et de Lagrange.

Cependant, en s'intéressant tout comme Fourier à une théorie analytique de la chaleur et en travaillant sur une théorie de l'électromagnétisme, Poisson appartient non seulement aux héritiers mais aussi à ceux qui allaient enrichir l'héritage de Nollet tout comme allait le faire François Arago…

JEAN-BAPTISTE BIOT
(1774 – 1862)

Voici une courte narration des aventures scientifiques de Jean-Baptiste Biot dont la carrière bien longue, les recherches multiples et l'œuvre scientifique et littéraire méritent bien mieux que les quelques lignes avec lesquelles nous tenterons d'évoquer au mieux ce personnage incontournable des sciences physiques de l'Empire et de la Restauration..

Jean-Baptiste Biot fut tout d'abord canonnier dans l'armée républicaine (1792) avant de devenir élève de la toute nouvelle École polytechnique dès son ouverture en 1794. L'année suivante, Biot est dans la rue avec Malus et manifeste, ignorant qu'il est pris tout comme son ami dans le flot des agitateurs des faubourgs, bien décidés à faire tomber le vacillant pouvoir de la Convention et permettre aux royalistes d'avoir la mainmise sur l'Assemblée. C'est là, non loin du parvis de l'Eglise Saint-Nicaise que Biot va rencontrer pour la première fois le tout jeune promu général de l'armée de l'intérieur, Bonaparte. Biot est du côté des agitateurs, avec les fourches et les piques. Bonaparte est du côté des canons et des fusils. Les deux hommes, l'un réussissant à sortir indemne de la nuit du XIII Vendémiaire, l'autre à sauver la Convention, étaient appelés à se revoir.

Biot finit ses études à l'École polytechnique. Devenu professeur de mathématiques en province, il est rappelé à Paris grâce à l'entremise de Laplace[19] et devient professeur de mathématiques au Collège de France (1800).

En 1803, il est dépêché pour une mission d'étude de météorites que l'on pense extraterrestres à l'Aigle dans l'Orne. En 1804, il réalise une ascension en ballon avec Gay-Lussac pour étudier le magnétisme terrestre et en 1806, en tant que membre du Bureau des Longitudes, il part en Espagne avec Arago pour terminer les mesures du mètre commencées par Pierre Méchain et Delambre durant la Révolution.

Après la disparition d'Arago en Espagne, Biot qui est rentré en France, est chargé d'une autre mission analogue avant de devenir en 1809 le premier professeur titulaire de la chaire d'Astronomie à la Faculté des Sciences de Paris. Cette même année, Arago revient d'Espagne, lui que l'on croyait mort, rapportant la fin de ses mesures et se faisant élire à l'Académie des Sciences où son influence et sa concurrence avec Biot va commencer.

Arago et Biot font partie des amis de Malus qui découvrit

---

[19] Les deux hommes se connaissent. Biot écrivit un mémoire de mathématiques qu'il soumit à Laplace. Celui-ci put jauger du niveau de son correspondant et ne manqua pas de le recommander à un poste prestigieux au Collège de France.

en 1807 la polarisation de la lumière par réflexion. A la suite des travaux de Malus, Biot s'intéressa à obtenir une lumière polarisée au travers de liquides et de solides et à en déduire une loi reliant la concentration et cette déviation. C'est ainsi que vont naître un appareil de mesure toujours célèbre dans les laboratoires, le polarimètre et une loi sur la déviation du pouvoir rotatoire, la loi de Biot.

Ces premières années (1810 – 1820) se passent sous la protection et l'influence de Laplace qui, à la société d'Arcueil, a fait de jeunes et prometteurs scientifiques ses « aides de camp » pour développer de manière efficace de nouvelles branches mathématiques la physique en accord avec les idées de Newton.

Cependant, tandis qu'Arago s'intéresse à la lumière entre 1815 et 1820, inspiré lui aussi par la découverte de Malus, il décide de rompre avec les Laplaciens de la Société d'Arcueil et s'associe avec Fresnel afin de poursuivre dans une autre voie : voir la lumière comme un onde là où Biot et les autres Laplaciens restent plus attachés à l'idée de molécules de lumière en rotation ou en mouvement.

A partir de 1820, Arago travaille avec Ampère et cherche à mettre au point une théorie de l'interaction entre les phénomènes électriques et magnétiques que l'on peut observer lorsqu'un courant vient à traverser un fil à proximité d'une boussole. L'expérience vient du Danemark et fut réalisée lors d'un cours par le savant Oersted. Celui-ci, après sa diffusion auprès des académies scientifiques en Europe, assura une partie de sa notoriété. La communication d'Oersted sortit Ampère de sa léthargie et lança celui-ci sur la piste de nouvelles expériences courant septembre (1820). Un peu plus tard, c'est Biot qui se lança à son tour dans une série d'étude qui menèrent à des travaux similaire entre les deux duos de savants.

Arago utilise cette fois le modèle de la molécule électrique là où Biot préfère celui de l'aimant élémentaire.

Encore une fois l'approche est différente et l'histoire des sciences retiendra ces deux idées sous deux formulations modernes différentes. Pour Arago et Ampère, de ces études fondamentales naît la relation sous sa forme dite de Maxwell-Ampère :

$$\overrightarrow{rot}\ \vec{B} = \mu\vec{j}$$

Elle indique que le courant élémentaire sous la forme d'une densité $\vec{j}$ traversant un fil génère *autour* de celui-ci un champ magnétique circulaire $\vec{B}$ dans un milieu « perméable » à ce champ qualifié par sa grandeur absolue μ.

Indiquons que si nous utilisons la relation de Maxwell-Ampère pour un fil de longueur infinie, parcouru par un courant d'intensité I dans le vide de perméabilité μ_0, l'expression du champ magnétique B à la distance r du fil est de la forme :

$$2\pi r . B = \mu_0 . I$$

Biot avec le concours de Félix Savart (1791 – 1841), voit la naissance d'un champ magnétique par sa création de ce champ dans un élément de courant. Le champ élémentaire représente en quelque sorte une expression locale dépendant de la nature du milieu et de l'orientation de cet élément de courant. Dans les annales de physique et de chimie de Gay-Lussac, Biot donne la formule du champ H sous la forme :

$$H = \frac{I}{2\pi r}$$

Sous sa forme moderne, la loi de Biot et Savart est élémentaire et vectorielle. Elle porte en elle ses origines : à la suite de la publication de Biot, Laplace s'empara de la formule de Biot et exprima la force magnétique élémentaire $\overrightarrow{dF}$ que l'on associa donc plus tard au champ élémentaire $\overrightarrow{dB}$:

$$\overrightarrow{dB} = \mu_0 \frac{I\overrightarrow{dl}}{r^2} \wedge \overrightarrow{u_r}$$

L'intérêt à dispenser ces deux formulations est de montrer l'opposition dans les approches d'Arago et de Biot qui, d'amis et de collègues d'aventures dans les territoires hostiles de France et d'Espagne vont devenir ennemis à l'Académie des Sciences à travailler dans les mêmes domaines et à s'opposer par leurs vues et leur volonté à faire reconnaître la priorité de leurs inventions. Lorsqu'ils sont presque d'accord, ce qu'imposent la proximité de leurs travaux et de leurs études, il est souvent reproché à Biot d'avoir été trop prompt à vouloir s'accaparer une découverte qui n'était pas la sienne. Les querelles iront donc bon train à l'Académie, entre Biot et Arago mais aussi entre Biot et d'autres savants comme Brewster qui travailla sur la diffraction et la réfraction, avec Seebeck qui découvrit l'activité optique et certaines solutions sucrées ou encore Goethe, poète et théoricien des couleurs qui n'appréciait guère sa physique !

Tandis qu'Arago devient un personnage politique après la seconde Révolution (1830), devient député en 1831, Biot succède quant à lui à Thénard comme doyen de l'université (1840), un poste qu'il laissera à Jean-Baptiste Dumas un peu plus tard en 1842. Sur ce point aussi, Biot et Arago sont bien différents et Bonaparte lui-même, ne pouvait que reconnaître que la gloire ne semblait pas avoir d'attrait pour sa personne. Biot se contenta d'œuvrer loin de la politique et ne fut proche d'aucun des souverains qui se succédèrent du Premier au Second Empire en passant par les trois monarchies de la Restauration. Aussi Biot ne reçut aucun titre, aucune distinction de ce genre même s'il cumula les reconnaissances et les honneurs des autres sociétés savantes et scientifiques.

Toujours professeur au Collège de France et à la Faculté, Biot fut ainsi appelé à communiquer les travaux d'un grand chimiste prussien, Eilhard Mitscherlich qui venait de par ses découvertes récentes relancer une partie des recherches sur les propriétés polarisantes des espèces solides et en solution. Biot décrit ainsi comment l'acide paratartrique sembla posséder la même composition chimique que l'acide tartrique mais déviait la lumière polarisée au travers du polarimètre d'une manière différente. Ce fut le jeune physicien et chimie Pasteur qui s'intéressa à ce mystère avec le succès qu'on lui connaît et qui profita de l'honneur de ravir le vieux professeur et lui démontrant *à la main* comment il existait une même molécule capable de cristalliser dans deux géométries images l'une de l'autre et ainsi créer les fondations de la stéréochimie des énantiomères.

Avec ses « Mélanges scientifiques et littéraires » publiés en 1858, somme d'une grande partie de ses travaux (il écrivait notamment dans le Mercure de France, Biot devient membre de l'Académie française (1856), ayant à côtoyer Lamartine, de Musset, Victor Hugo, Mérimée, Sainte-Beuve, de Vigny ou encore Jean-Jacques Ampère, le fils du célèbre physicien. Il meurt en 1862, durant le Second Empire après avoir vu son ancien ami Arago devenir un personnage scientifique et politique au sommet d'une carrière exceptionnelle.

FRANÇOIS ARAGO
(1786 – 1853)

Pour terminer ce panorama de l'héritage de Nollet, et conclure sur le destin qui attendait l'un des plus incroyables étudiants de Poisson et illustre étudiant de l'École polytechnique, presque devenu légendaire, dressons un court portrait d'Arago.

Ce savant, aventurier, homme politique français nous intéresse tout particulièrement de par les professeurs qui furent au chevet de son esprit d'aventure scientifique et qui contribuèrent à son édification et de par la transmission culturelle, à présent plus ou moins lointaine, qui nous intéresse entre la fondation de l'héritage de Nollet, sa transmission et son enrichissement chez ses plus brillants héritiers.

Après des études secondaires à Perpignan, Arago rejoint l'École Polytechnique à 17 ans où il finit sixième au concours d'entrée (1803) et major de promotion à la sortie. Profondément républicain alors que Bonaparte est au pouvoir, il fait partie des élèves qui refusent de prêter serment à l'Empereur lors de la transformation du Consulat en Empire. Arago, préservé par Monge et créant déjà l'admiration chez Napoléon par ses résultats, fut donc épargné de sanctions qui auraient du consister en son éviction de l'école. Son directeur, malheureusement, le très illustre chimiste Guyton de Morveau, remplaçant à l'occasion Monge et finalement titulaire du poste fut ainsi limogé à la création de l'Empire.

Lorsqu'il entre à l'École, on compte Monge et Lagrange comme professeurs de mathématiques, Poisson en mécanique et Fourcroy en chimie. Ampère y est répétiteur en mathématiques et en mécanique, et Legendre est examinateur en mathématiques. Dans la promotion de 1804 qui le suit, Binet, Fresnel, Vicat font partie des étudiants remarquables. A sa sortie de l'école, Arago rejoint le Bureau des Longitudes

En 1805, Arago fait partie du Bureau des Longitudes en qualité d'astronome adjoint. Avec Biot, ils obtiennent l'autorisation de poursuivre la mesure du méridien terrestre en Espagne, allant de Barcelone jusqu'aux Baléares (1806). Arago est encore en Espagne lorsque le pays déclare la guerre à la France. En 1809, après d'incroyables péripéties, d'évasions en naufrages, de naufrages en aventures, il réapparait à Marseille dans un quartier de quarantaine annonçant son retour à Paris, les pages de ses mesures du méridien terrestre dans sa chemise.

Il a 23 ans lorsqu'il est élu membre de l'Académie des Sciences pour cet exploit. L'année suivante, Monge le prend comme suppléant pour son cours de géométrie à l'École Polytechnique. Il travaille ensuite sur la polarisation de la lumière et invente un ancêtre du polarimètre, le polariscope qu'il destine à l'observation du ciel tout en tenant compte de la lumière polarisée que celui-ci diffuse (1811).

Le bouillonnant Arago est newtonien, membre de la Société d'Arcueil et s'intéresse à tous les domaines de la physique où l'on pourrait faire de nouvelles découvertes. Pourtant avec Fresnel, il adhère à la théorie ondulatoire de la lumière (1815) et aide ce dernier à l'étude des interférences (1820). Voici Arago bien décidé à faire radoter ce vieux Newton, selon la phrase de Fresnel. Convaincu et résolument convainquant, Arago tente alors de convertir tous les académiciens aux vues de son jeune protégé, membre de l'École polytechnique et engagé aux Ponts et Chaussées avant d'être revenu à Paris s'occuper de lumière et de physique ondulatoire, deux domaines qui lui étaient totalement inconnus.

En 1816, il reprend avec Gay-Lussac les Annales de Physique et de Chimie créées en 1789 par Lavoisier puis en 1820, il présente devant l'Académie des Sciences l'expérience d'Oersted sur le magnétisme et les courants électriques qui inspireront une partie des travaux qu'il mène conjointement avec le très réservé professeur Ampère. Le révélateur et catalytique professeur Arago, bientôt secrétaire perpétuel de l'Académie des Sciences (1820), sort le génial bonhomme Ampère de sa léthargie mathématique et chimique et lui donne un terrain si nouveau à explorer qu'il va en faire son domaine de prédilection.

Nouveau point commun entre Fresnel et Ampère, les voici tous deux propulsés dans des domaines inconnus par un homme à la force de caractère et à la volonté d'intéresser autrui aux bons sujets au bon moment.

Ampère et Arago imaginent des dispositifs interférentiels,

travaillent au développement des lentilles de phare, un domaine où l'élève dépassera le maître et brillera une fois de plus sur la physique appliquée, rendant finalement Fresnel à son corps d'origine des Ponts et Chaussées avec une gloire d'un siècle au moins (Les lentilles de Fresnel firent des phares français les meilleurs du XIXe siècle).

Arago devient une personnalité incontournable des sciences. Son influence à l'Académie dépasse celle de son ancien protecteur, Laplace. À la chute de l'Empire (1815), Napoléon lui demande de quitter la France avec lui pour partir dans une mission géodésique aux Amériques. Humboldt le supplie de laisser l'empereur Frédéric II visiter l'Observatoire de Paris. Napoléon partira seul. Frédéric se déguisera en simple citoyen pour venir voir l'Observatoire et rencontrer Arago.

En 1822, Arago participe à la mesure de la vitesse du son dans l'air entre la colline de Montlhéry et la ville de Villejuif.

En 1824, Arago découvre la création du courant magnétique par effet de rotation. Avec Ampère, il collabore à la fabrication des premiers électroaimants. Ce n'est pas la seule inspiration des deux hommes : Ampère devenu physicien sous l'influence d'Arago, imagine un langage de communication à distance par courant électrique, ancêtre du morse.

A partir de 1830, Arago cumule non seulement des mandats d'homme de science mais également des mandats politiques puisqu'il est élu député. Il favorise le développement de la photographie, encourage Urbain Le Verrier (1811 – 1877) dans ses recherches astronomiques qui vont mener à la découverte de Neptune. Arago, dans ce domaine ne s'est jamais éloigné de sa vocation première d'astronome. Ses cours d'Astronomie populaire (1813 – 1848) sont ouverts au public et faits pour le public. Il a fait de même à l'Académie des Sciences, ouvrant les séances au public et aux journalistes (1835) contre l'avis de son ancien ami, Biot.

A l'Observatoire de Paris, Arago reçut Hippolyte Fizeau comme assistant. C'est lui qui reprendra les idées d'Arago pour tenter de mesurer la vitesse de la lumière.

Avec la chute de Louis-Philippe en 1848, Arago devient membre du gouvernement provisoire mis en place par les chambres et assure les postes de ministre de la Marine et de la Guerre. Ce travail éprouvant ne sera que de courte durée, le temps qu'une commission exécutive dirige la France jusqu'à l'organisation d'élections. Elu à la majorité des voix, Arago devient président de cette commission, tout comme Carnot le fut du temps de la Chute de Napoléon, sorte de président éphémère appelé à diriger la France pour quelques mois. Révoqué à la suite de troubles qui virent la prise de pouvoir par le général Cavaignac qui fut dès lors appelé à maintenir l'ordre jusqu'aux élections, ce sera à la majorité que Louis-Napoléon Bonaparte, fils d'Hortense de Beauharnais et nièce par alliance de Napoléon deviendra le premier président de la Seconde République.

En 1852, le président français réussit un coup d'état. Lui qui avait eu tant de mal à obtenir les rênes de la France dans l'illégalité, qui réussit à les gagner par le peuple, se décide finalement à mettre son plan à exécution et à prendre définitivement le pouvoir afin d'avoir les moyens d'agir. Il devient alors l'empereur Napoléon III, restaurant l'empire français de son oncle[20].

---

[20] Hortense est la fille de Joséphine. De son mariage avec Marie-Louise, Napoléon avait eu un fils, François, devenu capitaine dans l'armée prussienne, écarté de sa mère et de la France par les soins de l'implacable comte de Metternich qui

Arago le Républicain qui tint tête à Napoléon Ier du temps de la transformation du Consulat en Empire, ne céderait pas davantage devant sa descendance. Mais hors de question pour le nouvel empereur de se séparer du professeur Arago, lui qui enseigna à Polytechnique, en fut le directeur par intérim durant les émeutes de 1830 et qui tenait depuis dix ans la direction de l'Observatoire de Paris.

Je n'en écrirai pas davantage ici sur cet illustre savant qui n'est toujours pas entré au Panthéon alors que Monge, Grégoire ou Condorcet, républicains tout autant qu'Arago et à la carrière tout aussi éclatante que la sienne y sont depuis le bicentenaire de la Révolution. Arago qui travailla pour la gloire de la France, défendit les valeurs républicaines sous la Monarchie de Juillet et devint l'une de ses incarnations lors du changement de régime qui fit naître la Seconde République en 1848, lui qui contribua à l'Académie à des tâches d'importance tant sur la physique fondamentale qu'à ses applications concrètes sur les paratonnerres et les lanternes de phares, quitta lentement de le devant de la scène politique et scientifique après 1850.

En 1853, il meurt aveugle et souffrant du diabète dans ses

---

vouait une haine certaine à Napoléon et à ce qu'il incarnait. L'abdication de Napoléon Ier aurait du propulser son fils empereur des français sous le titre de Napoléon II mais Fouché, chargé de faire honorer cette part du contrat de renonciation de Napoléon au profit de son fils s'empressa d'intriguer pour livrer la France aux Bourbons et à Louis XVIII. Ses manœuvres habiles qui lui permirent notamment d'évincer Carnot de la commission exécutive dirigeant la France, permirent de faire tomber l'Empire et d'empêcher la République de reprendre les rênes de la France. C'est parce qu'il était au courant du vice de procédure concernant le sort de François que Louis Napoléon se proclama sous le titre de Napoléon III, laissant à son parent le titre légitime de Napoléon II qui aurait du lui revenir.

appartements de l'Observatoire de Paris, là où vécurent avant lui les savants astronomes de la famille Cassini, puis Lalande, Delambre ou encore Méchain, dont les noms sont restés célèbres encore aujourd'hui pour leurs découvertes et leurs exploits. Le Verrier, qui tenta de le pousser rapidement vers la sortie, lui succéda.

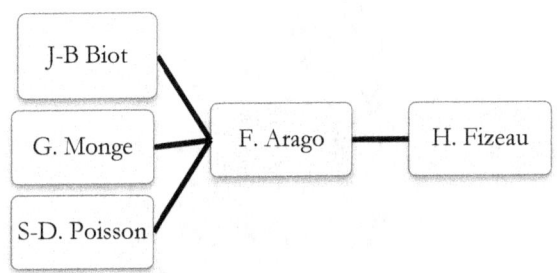

Généalogie scientifique d'Arago (1786 – 1853)

Arago, l'héritier scientifique de Monge et de Poisson, possède de Nollet l'idée certaine de faire comprendre les sciences par le plus grand nombre. Il possède aussi le génie de la création scientifique expérimentale, celle de l'expérience dont la démonstration est à la fois spectaculaire, éloquente et enrichissante. En ayant été l'élève de Monge, de Biot, de Poisson, le collaborateur de Laplace et des autres membres de la Société d'Arcueil, Arago allait transmettre à Fizeau et Foucault une part certaine de cette culture et de cet héritage…

HIPPOLYTE FIZEAU
(1819 – 1896)

Hippolyte Fizeau est le fils d'un professeur de pathologie à la Faculté de Paris et c'est donc avec une certaine évidence qu'il se destine tout d'abord à des études de médecine. Incommodé par des problèmes de santé, Fizeau se tourne en fin de compte vers la physique et l'astronomie, étudiant l'optique avec Henri-Victor Regnault (1810 – 1878) et l'astronomie à l'Observatoire de Paris avec Arago. De ces enseignements dont celui très éclectique d'Arago (qui travailla avec Ampère, Fresnel, Niepce, Daguerre ou encore Le Verrier), Fizeau tire plusieurs expériences qui vont lui ouvrir les portes de l'Académie des Sciences :

En 1845, Fizeau réussit à photographier de manière nette le soleil. Après cette première réussite, il oriente ses travaux vers l'étude de la lumière, de sa propagation et la détermination de sa vitesse. Il commence tout d'abord par reprendre les travaux de Doppler et les applique aux étoiles lointaines pour lesquelles il indique deux choses : que ces étoiles sont en éloignement constant de la Terre et que dans ce cas, la lumière qu'elles émettent à une longueur d'onde particulière, subissant un effet Doppler, n'est pas reçue en l'état à la même valeur qu'à leur émission : il se produit un décalage des longueurs d'onde vers le rouge. C'est l'effet Doppler-Fizeau (1848).

L'année suivante, Fizeau va réussir à mesurer avec une précision importante la vitesse de la lumière. En utilisant tout d'abord une roue dentée au travers de laquelle passe un rayon lumineux émis depuis les hauteurs surplombant Suresnes puis allant se réfléchir à 8 km de là sur les buttes de Montmartre, il obtient une nouvelle mesure de cette vitesse, fixée à 315 000 km/s. En 1850, Fizeau s'associe à Foucault pour réaliser un dispositif à miroir tournant associé à un télescope qui va lui permettre d'affiner ses mesures. Il réussit également à évaluer la vitesse du courant électrique dans un fil.

Ses travaux en partenariat avec Foucault l'ayant conduit à étudier les interférences (1850), il produit en 1851 une troisième expérience sur la vitesse de propagation de la lumière dans l'eau, trouvant que la vitesse change avec le milieu. Les mesures de Foucault et Fizeau dans le domaine compléteront ainsi avec précision les valeurs d'indice de réfraction établies jusqu'alors.

Sa compétition avec Léon Foucault et Alexandre Becquerel lui vaudra d'attendre 1860 pour entrer à l'Académie des Sciences, époque à laquelle Fizeau a réalisé ses plus importantes découvertes...

***

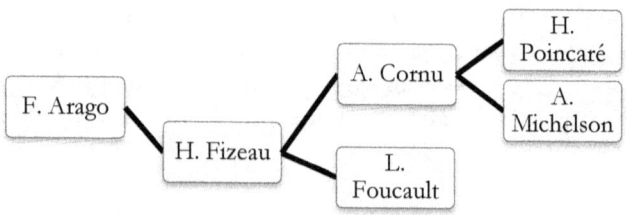

Généalogie scientifique de Fizeau (1819 – 1896)

En étudiant avec Arago et avec Régnault, Fizeau possède l'ascendance d'un physicien astronome remarquable et d'un chimiste qui fut l'élève de Liebig et de Berthier, qui enseigna la chimie à l'École des Mines après avoir été l'étudiant de Berthollet. Alfred Cornu qui sera son élève à l'École polytechnique déploie avec ses deux élèves, Poincaré et Michelson, une filiation presque logique dans le domaine de l'astronomie et de la lumière où se profilent des découvertes qui vont introduire la relativité.

Dans cette généalogie, Foucault n'est pas à proprement parler un élève de Fizeau. Il n'est pas non plus son aîné, puisqu'ils sont nés la même année ! Mais leur approche et leur parcourt est tant similaire que l'un et l'autre, finalement, sont tous deux les dignes descendants d'Arago d'une part et de Nollet d'autre part. Et qui mieux que Foucault peut incarner l'élégance de la démonstration scientifique ?

LÉON FOUCAULT
(1819 – 1868)

A 13 ans, le jeune Léon Foucault fabriquait déjà ses propres jouets avec une dextérité qu'il mettra plus tard au service de la médecine dont il veut embrasser la carrière. Né la même année que Fizeau, ils font leurs études au Collège Stanislas de Paris. Tout comme Fizeau, il se destine tout d'abord à la médecine, devient externe aux Hôpitaux de Paris, l'élève puis l'assistant du docteur Donné avant d'être passionné par la photographie de Daguerre qu'il utilise en microscopie avant de se lancer dans de multiples expériences qui vont le rendre célèbre.

En 1850, il adapte des expériences sur la vitesse de la lumière que n'avait pas eu le temps de réaliser Arago. Il montre que l'eau est un milieu dans lequel la lumière se propage moins vite que dans l'air et relie les rapports de ces vitesses à l'indice de réfraction mis en place par Descartes, Newton et surtout Young au début du XIXe siècle.

En 1851, après quelques expériences réalisées dans sa cave

puis à l'Observatoire, à la demande du premier président de la République Française, Louis-Napoléon Bonaparte, il suspend un poids de 28 kg à la coupole du Panthéon, à 57 m de haut et montre, de par la rotation elliptique du pendule, que la Terre est bien en rotation sur elle-même conformément aux idées de Galilée. La pointe du pendule, écartée de sa position d'équilibre ne trace en effet pas un seul trait lorsqu'elle touche le sol mais bien une succession d'ellipses.

En étudiant la rotation d'un disque en cuivre placé à proximité d'un aimant et la force nécessaire à son déplacement, il découvre l'apparition de courants internes dans le disque et d'une force d'opposition qui porteront par la suite son nom. Les courants de Foucault trouveront leurs applications dans les systèmes de freinage des bus et dans les plaques à induction.

Ses travaux sur la lumière, la photographie, la mesure de la vitesse de la lumière le mettent en concurrence pour une place à l'Académie des Sciences avec Alexandre Becquerel et Hippolyte Fizeau. En 1860, c'est ce dernier qui est élu. En 1862, il réussit de nouvelles mesures de la vitesse de la lumière, améliorant sa valeur de 1851. Il obtient 298 000 km/s. L'Académie lui échappe encore avec l'élection de Becquerel.

Il invente ensuite le gyroscope (1852) avant de se lancer dans de multiples travaux pour développer au niveau industriel un régulateur de Watt. Nommé membre du Bureau des Longitudes (1862), il est élu à l'Académie des sciences en 1864.

En 1867, il commence à sentir les débuts d'une paralysie qui le prive de l'usage de sa main puis de la parole. Il meurt l'année suivante de la suite de cette maladie qui finira par le paralyser entièrement. Il a légué son gyroscope au Collège de France et son pendule au Conservatoire des Arts et Métiers. Après sa mort, l'Empereur Napoléon III charge Regnault et Lissajous de rassembler l'ensemble de ses travaux afin qu'aucune part ne soit enlevée à la postérité…

CONCLUSION

En 1746, dans la Galerie des Glaces, Nollet fit l'éclatante preuve de son talent de démonstrateur scientifique et réussit à convaincre tout au long de sa carrière de l'importance de faire des sciences expérimentales, démonstratives et didactiques sans leur enlever une quelconque noblesse. En 1851, 105 ans plus tard, en faisant la démonstration de la rotation de la Terre en accrochant un pendule au sommet du Panthéon, Foucault réalisait le même type d'expérience dont l'apparence a vertu d'éclairer les esprits et d'un seul regard montrer toute l'élégance de sa création et l'importance qu'elle revêt pour les sciences. Bien évidemment avec le temps et le développement des technologies, poursuivre dans la voie de Nollet sera parfois difficile tant la technologie rend l'art éclatant de la démonstration à la fois plus aisé mais aussi plus trompeur.

Il reste qu'encore aujourd'hui, pour ceux qui souhaitent se lancer dans l'art remarquable de vouloir comprendre le monde par le biais des sciences qu'il n'existe pas de meilleur moyen de s'initier aux sciences physiques ou chimiques qu'au travers de l'expérience. Son aspect spectaculaire requiert l'attention. Son apparente simplicité en montre l'idée qu'elle est abordable. Et les efforts mis en œuvre pour la comprendre ouvrent la voie de l'initiation à la démarche scientifique, elle qui permet à chaque instant de comprendre le monde en validant par la mesure et l'expérience les théories interprétatives qu'il suffit de fonder.

II : LES DÉCOUVREURS D'ÉLÉMENTS

INTRODUCTION

La notion d'élément chimique est très ancienne. Proposée puis supportée par les philosophes présocratiques, elle a, au fil des siècles, évolué pour se rapprocher de plus en plus de l'idée d'atome dont on a cherché la preuve de l'existence durant plus de deux mille ans. Dans cette quête compliquée et parfois rendue confuse par les idées et les modèles maladroits qui furent utilisés, les chimistes furent appelés à s'intéresser à tous les états et les manifestations de la matière et parmi celles-ci, à une heptade ancestrale, celle des métaux que l'on cherchait depuis l'âge de bronze à extraire, séparer, et mélanger dans des buts divers et variés.

De ce fait, il a fallu chercher, obtenir et purifier les métaux, tout en essayant de comprendre que le métal et son minerai composé généralement d'un oxyde métallique (au sens large) et d'une gangue (des fragments de roches carbonatées par exemple) sont deux entités différentes, ce qui, initialement, était loin d'être évident.

Le premier professeur dans le domaine est le célèbre Georgius Agricola qui enseigna à Ferrare et à Heidelberg. Agricola est non seulement à considérer comme un chimiste métallurgiste mais c'est aussi le professeur d'Erasme et de Conrad Celtis, humanistes fondateurs de sociétés savantes et vecteurs importants de la diffusion de cette philosophie.

Atome, élément, métal, minerai, quelle est la véritable nature de ces roches, de ce qu'elles contiennent et comment séparer leurs constituants ? La science métallurgique qui est du ressort du chimiste n'a pas encore les moyens de répondre à cette question.

Si l'exploration des mines et l'extraction des minerais

devient une préoccupation qui peut être revendiquée jusqu'au sommet de l'État, c'est en Suède, au service des Mines et de la Monnaie Royale qu'elle va donner des résultats qui vont permettre de fonder la chimie des éléments, de la faire entrer dans le XVIIIᵉ siècle et ainsi donner à l'Académie Royale des Sciences de Suède les moyens de rivaliser avec les autres grandes académies d'Europe, que ce soit Paris, Berlin, Londres ou encore Saint-Pétersbourg.

***

Lorsqu'il fut professeur à Linz, Johannes Kepler, astronome pythagoricien et mathématicien qui eut autant à faire avec les planètes qu'avec la religion, reçut la visite d'un autre grand nom des sciences, Willebrord Snell dont la loi de la réfraction est encore aujourd'hui bien connue.

La physique enseignée à Leyde par Snell fut ensuite transmise à Frans van Schooten (1615 – 1660) qui s'occupa également de promouvoir la physique et la géométrie de Descartes. En 1647, van Schooten eut un jeune homme de grande famille comme assistant, à qui l'on prévoyait un avenir scientifique remarquable tant et si bien qu'on le présenta à Descartes, au père Mersenne, ou encore à Blaise Pascal : Christian Huygens avait appris une partie des mathématiques de Descartes dans les ouvrages de van Schooten avant de partir pour d'importantes aventures scientifiques à Paris où il devint un membre éminent de l'Académie Royale des Sciences, un concurrent sérieux de Newton, le directeur d'une partie des recherches de Denis Papin et le professeur en mathématiques de Leibniz.

Huygens, astronome, mathématicien et physicien qui s'intéressa entre autres à la nature de la lumière autant qu'aux satellites de Saturne, fit partie de ces concepteurs de nouvelles mathématiques qui profitèrent tant par la suite à Leibniz qu'à ses élèves dont Jacques et Jean Bernoulli qui eut de nombreux étudiants comme Euler, König ou encore Maupertuis, tous appelés à jouer un rôle dans l'histoire des mathématiques et de la physique.

A l'université de Bâle, Bernoulli eut la visite d'un étudiant suédois, Samuel Klingenstierna qui mérite à présent notre attention. Klingenstierna fut étudiant à Uppsala (vers 1717) où il suivit notamment les cours du mathématicien et astronome Anders Duhre (1681 - 1739). Ancien avocat (comme Lavoisier), Klingenstierna s'occupa dès sa reconversion d'étudier puis d'enseigner les préceptes de Newton et de Leibniz. Devenu professeur de géométrie à Uppsala en 1728 (une chaire qu'il va occuper jusqu'en 1750), il se permet même de corriger l'Optique de Newton dans laquelle il décèle des erreurs notamment sur ses lois de la réfraction. En 1750, Klingenstierna occupe la chaire de physique expérimentale de l'université, charge qu'il ne garde que deux ans, appelé à d'autres fonctions notamment à celles de précepteur du prince de Suède, le futur roi Gustave III.

Si Klingenstierna nous intéresse, c'est que ce sont parmi ses élèves que vont se trouver les premiers fondateurs de la chimie suédoise.

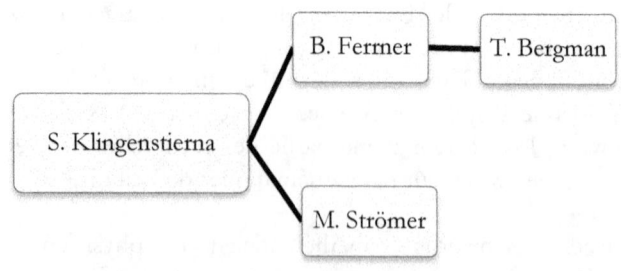

Généalogie scientifique de Samuel Klingenstierna

Samuel Klingenstierna (1698 – 1765)

A bien des égards, de par ses découvertes nombreuses et ses travaux de recherche en chimie analytique, Tobern Bergman est à considérer comme le premier grand fondateur de la chimie suédoise. Klingenstierna fait partie de ces éminents professeurs liant à sa généalogie de grands physiciens comme Kepler et Snell à des chimistes comme Bergman et un peu plus tard Berzelius…

Le premier à citer, se nomme Bengt Ferrner (1724 -1802) qui étudie à Uppsala dès 1743 puis sous la direction de Klingenstierna en 1751. Ferrner possède une petite histoire intéressante. Tout d'abord appelé à devenir professeur d'astronomie (1756 -1758), il est ensuite espion industriel pour le compte de la couronne, « chargé d'étudier » les procédés de traitement du cuivre et du bronze en Angleterre (1758 – 1765). Après 1765, il est conseiller permanent pour le roi Gustave III.

De par ses travaux et ses recherches, Ferrner est admis à l'Académie Royale des Sciences de Suède en 1756. Celle-ci est encore jeune mais possède déjà de grands esprits qui en assurent la renommée et l'aura. Fondée en 1739 par six savants dont Carl von Linné (et avec l'accord du roi Frédéric Ier de Suède), ses membres éminents ne feront que croître durant les décennies suivantes. A l'époque où Ferrner y fait son entrée, Celsius et Klingenstierna y sont déjà admis tout comme un ancien élève de Celsius, Strömer.

Marten Strömer (1707 – 1770) étudia la physique et l'astronomie à l'université d'Uppsala à partir de 1724. Avec Celsius en 1730 et avec Klingenstierna en 1731, il en profita pour publier deux mémoires d'astronomie dont l'un sur la détermination de la distance Terre-Soleil. Devenu professeur d'astronomie à Uppsala en 1744, Strömer partage avec Linné l'idée d'inverser l'échelle de température centigrade de Celsius, ce qu'il fit dès 1750. Devenu recteur de l'université d'Uppsala (1753), appelé à diriger l'école des cadets de l'Amirauté, il démissionne de son poste de professeur en 1765.

Ces grands savants et professeurs auront bien des rôles à jouer : fondateur, précurseurs, pionniers, si certains sont encore aujourd'hui très connus, ils sont nombreux à avoir permis à la Suède de rayonner dans toutes les branches des sciences naturelles et mathématiques que supporte et encourage à développer leur Académie Royale des Sciences !

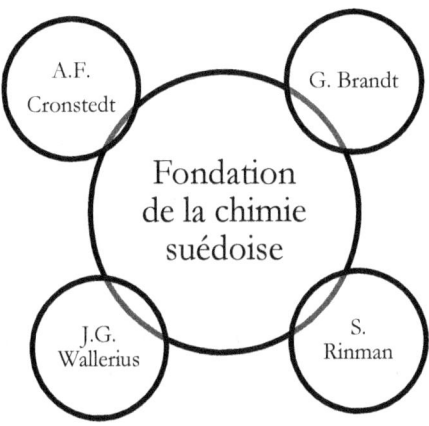

Fondation de la chimie suédoise (1720 – 1760)

Si l'on peut considérer Rouelle comme le précurseur de la chimie moderne en France dispensée au Jardin des Plantes, c'est à l'Université d'Uppsala et au Bureau des Mines de Suède que l'on rencontre principalement les hommes qui font la chimie suédoise. Quatre figures se distinguent alors par l'occupation de leur poste, leurs publications et leur influence entre 1720 et 1770 : Brandt, Rinman, Cronstedt et Wallerius. Nos premiers mousquetaires sont donc peu connus mais comme nous le verrons, leurs découvertes vont laisser une trace durable dans l'histoire de la chimie.

Vers 1750, à cette époque où la chimie moderne n'existe pas encore, va émerger de l'université d'Uppsala et de l'École Royale des Mines de Suède d'éminents chimistes spécialisés dans la métallurgie et l'extraction des métaux à base des minerais, savoir-faire qu'ils mettront ensuite au service de la découverte d'autres éléments chimiques. L'école de chimie suédoise qui va se former autour de quatre précurseurs tiendra dans le domaine de la découverte d'éléments le haut du pavé jusqu'au milieu des années 1840 où brillera l'un de ses chimistes les plus célèbres, Berzelius.

Les chercheurs/professeurs en chimie que nous allons rencontrer s'intéressent déjà à des domaines très variés de l'étude de la matière voire à une approche encyclopédique de celle-ci. Cette ouverture d'esprit à l'éclectisme scientifique et à l'intérêt du savoir dans tous ses domaines (minéralogie, métallurgie, agrochimie, chimie des sols) favorise la découverte et ouvre des pistes d'exploration pour de nouvelles voies de recherche.

Il ne faudra donc pas être surpris de voir autant d'éléments chimiques être découverts et/ou isolés par des chimistes suédois : nickel, cobalt, zinc, cérium, tantale, thorium, niobium, lanthane, erbium, terbium, aluminium, silicium, sélénium, cadmium, lithium, yttrium, titane, molybdène, baryum, manganèse, chlore, oxygène, la liste montre un savoir-faire évident.

Les chimistes suédois vont non seulement montrer qu'ils savent détecter la présence de nouveaux éléments dans des terres et des oxydes mais tenter également de les extraire de ces milieux en utilisant toutes les réactions chimiques possibles à leur disposition (lixiviation, réduction, oxydation, etc.).

***

L'INVENTEUR DU COBALT, GEORG BRANDT
(1694 – 1768)

Brandt est le fils d'un pharmacien. C'est dans le laboratoire de son père qu'il étudia tout d'abord avant d'entrer à l'université d'Uppsala (1705). Contraint à quitter son cursus, Brandt en profite cependant pour suivre les cours d'Anders Gabriel Duhre (1681 – 1739) et de Hjarne Urban (1641 – 1724), un scientifique éclairé, médecin, défenseur du cartésianisme et militant en faveur de la suppression des procès en sorcellerie. Dans notre liste d'incontournables fondateurs de la chimie suédoise, il n'aurait pas été incongru de citer Urban du fait même qu'il possédait certaines inclinations envers la chimie de Paracelse et d'Aristote. Cet homme riche qui avait fait construire son propre laboratoire dans lequel Brandt vint apprendre la chimie, s'était en partie fait connaître par ses élixirs, vendus sous le secret de la fabrication et dont il tirait une partie conséquente de sa fortune. Le médecin-pharmacien Urban, avec ses potions et ses remèdes, se trouve bien à la frontière entre la chimie et les arts qui la précèdent, notamment liés à la médecine comme les écoles qui virent le jour à l'issue des travaux de Paracelse, celle de la spagyrie et de l'iatrochimie. Comme nous l'évoquerons un peu plus loin au sujet de Wallerius, c'est bien au carrefour de ces disciplines mélangées par Paracelse avec une moitié de génie et une moitié de folie, minéralogie et métallurgie appliquée à la pharmacie que l'on trouve Urban. Il ne faut donc pas s'étonner de le voir s'être également intéressé à ces deux disciplines que Brandt allait pouvoir également éprouver puis développer après son passage dans son laboratoire.

Recruté comme assesseur aux Mines (1714), Brandt ne resta pas inactif. Parti pour un tour d'Europe dès 1714, il est devenu médecin en soutenant sa thèse à Reims en 1726. L'année suivante, de retour aux Mines, il est promu directeur du laboratoire de chimie de cette institution.

Les Mines dont faisait partie le Bergskollegium étaient un organisme d'état chargé de la prospection et de l'extraction des métaux à partir des minerais dans les terres royales. Très apprécié par son monarque qui le connaissait personnellement, le roi Frédéric Ier, Brandt est ensuite appelé à la Monnaie où il devient directeur de cette institution[21] en 1730.

S'intéressant bien évidemment aux métaux, aux minéraux et aux minerais, Brandt étudie tout d'abord les composés de l'arsenic dont il propose plusieurs compositions (1733). L'arsenic dont le nom perse veut dire « jaune-orangé » possède cette dénomination depuis l'Antiquité où il est connu pour se trouver dans les alliages de bronze mais aussi sous la forme de deux pigments, l'orpiment (As_2S_3) et le réalgar (As_4S_4). Décidé à faire le tri entre les minerais et les métaux et à distinguer clairement ceux-ci les uns des autres, Brandt, travaille donc sur le zinc, l'antimoine, le bismuth et le mercure (que l'on nomme également vif-argent). Au cours de ce travail, Brandt conclut sur la classification qu'il faille adopter pour décrire les propriétés de l'arsenic qu'il qualifie de semi-métal[22] (1733-1735).

---

[21] Le lecteur pourra se rendre compte qu'à différents moments dans l'histoire de la chimie, de grands chimistes ont été appelés à ce poste de direction. En Angleterre, Newton occupa une place de ce type à la Royal Mint et en France, Lavoisier et Vauquelin se chargèrent aussi des questions d'argent dans les pièces de monnaie. Ajoutons que Gay-Lussac fut également consulté à son tour sur la question.

[22] L'expression n'apparaît officiellement que tardivement dans le dictionnaire français sous sa forme actuelle (1980). Le terme plus ancien, métalloïde, est signalé à partir de 1824.

C'est cependant en 1735 qu'il va faire la découverte qui va assurer sa renommée. Bien décidé à appliquer une méthode rigoureuse et rationnelle pour ses travaux, réfutant ainsi les théories alchimiques de son temps, Brandt réussit à séparer le cobalt du bismuth avec lequel, jusqu'alors, il était confondu.

C'est à Paracelse que l'on doit d'introduire les noms de ces deux minerais ou métaux (à l'époque du chimiste bâlois, on ne sait pas trop). Paracelse décrit ce métal en 1526 sous le nom de « wismat » qu'Agricola, autre grand métallurgiste, latinise sous la forme de bisemutum (1530) et qui va devenir le bismuth. Son double de l'époque, celui dont on ne saurait le séparer, est un métal gris clair tirant sur le rouge, d'où sa confusion avec le cuivre dans les minerais. Il doit son nom aux génies telluriques des mines, les kobolds, à partir duquel Paracelse baptise le minerai « kobolt » en 1526. Il sera transformé un peu plus tard sous son nom latin, cobaltum en 1562. Et depuis ce temps, si Agricola et Paracelse s'étaient occupés de les nommer et de les repérer, ils ne semblaient pas dissociables avant l'arrivée de Brandt.

Avant Brandt, on pensait que c'était le bismuth qui possédait la propriété de colorer les verres. Après plusieurs années de recherche, il montrera non seulement comment dissocier l'un de l'autre mais également que c'est bien le cobalt qui possède cette propriété (1745).

Le travail de Brandt est d'autant plus remarquable qu'il est le premier minéralogiste à identifier un métal depuis l'Antiquité. Un autre Brandt, son homonyme, s'était chargé de distiller de l'urine pour obtenir du phosphore en 1669. Le Brandt du phosphore étant l'incarnation de l'alchimiste alors que le Brandt du cobalt est bien celui du chimiste moderne.

Indiquons qu'après le phosphore de l'allemand Heinnig Brandt (1669) et le cobalt (1735), le prochain métal et élément découvert, le sera par l'un des anciens étudiants de Brandt en 1751.

Les travaux du chimiste Brandt ne s'arrêtent pas là. Il publie sur la composition de la blende et de la calamine du zinc, sur l'existence d'un alcalin commun entre le sel de table et la soude et indique que le salpêtre en possédait un différent. Brandt vient de différencier le sodium du potassium.

Devenu membre de l'Académie Royale de Suède l'année de sa création, en 1739, Brandt compta parmi ses disciples deux personnages importants de notre histoire, Cronstedt que nous allons à présent rencontrer et Bergman qui continuera son œuvre comme un programme de recherche après sa mort.

***

Terres & Oxydes

En 1750, les oxydes n'existent pas encore. Les composés que l'on trouve dans la nature sont de différentes natures et à côté des acides, des métaux, des alcalis, des sels, des airs et des mixtes existent les terres alcalines comme la magnésie, la strontiane, la baryte. Certains étaient des oxydes (SrO), d'autres des sulfates ($BaSO_4$) voire des carbonates ($MgCO_3$ que l'on appelle magnésite). Elles sont responsables de dénomination comme alcalino-terreux ou terres rares…

L'INVENTEUR DU NICKEL
AXEL FREDRIK CRONSTED
(1722 – 1765)

Occupons nous à présent d'un autre minéralogiste et chimiste suédois. Fils d'une famille nombreuse et d'une dynastie remarquable (les Cronstedt se marient souvent, ont plusieurs épouses et beaucoup d'enfants et plusieurs de leurs aïeux ont été faits comtes ou barons avec des titres héréditaires. L'un d'entre eux fut même théologien et professeur à l'université d'Uppsala !), le jeune baron Axel Fredrik Cronstedt étudie bien évidemment à la prestigieuse université d'Uppsala où son père l'oriente vers les mathématiques afin qu'il puisse faire tout comme lui carrière dans l'armée (1738). C'est cependant les cours de Johann Gottschalk Wallerius qui l'attirent vers la minéralogie et qui le font entrer aux Mines où il rejoint le professeur Brandt (1742).

Cronstedt doit alors se partager entre les cours qu'il suit au Bergs-Kollegium et son obligation à rejoindre l'armée de Suède alors en guerre contre la Russie. Son père dirige le génie, s'occupe des routes et des ponts et des fortifications. Le lieutenant-général Gabriel Cronstedt sera donc assisté de son fils en tant que secrétaire avant de rentrer à Uppsala à la fin de l'année 1743.

Appelé à donner des cours, Cronstedt axe ses recherches sur la différenciation entre le règne animal et minéral mais aussi entre les roches et les minéraux. Son approche est alors digne de celle de Brandt, à savoir qu'il veut séparer ou distinguer les espèces selon leurs propriétés chimiques. Il use d'un instrument qui va lui permettre de faire des progrès de grande envergure, le soufflet ou sarbacane qui permet d'insuffler de l'air par la bouche afin de contrôler la quantité d'oxygène dans une réaction de combustion.

Promu aux Mines en 1746 et 1747 à des postes de plus en plus élevés, en 1751, il identifie le kupfernickel, subtsntace métallique dont le nom pourrait se traduire par « cuivre du diable ». De par ses voyages dans les différentes exploitations minières du pays, Rinman était devenu un expert dans l'étude et la séparation des métaux. Dans les tréfonds de la terre, les mineurs cherchaient à extraire des métaux simples comme le fer ou le cuivre. Celui-ci posait problème parce qu'on avait remarqué que plusieurs autres minerais ressemblaient de par leur apparence au cuivre natif (c'est le cas de la cobaltite[23] qui est d'un rouge sombre) ou à la chalcopyrite[24] qui peut être d'un jaune étincelant (duquel se rapproche la nickeline[25]). Ces minerais semblaient en contenir mais au final, à l'extraction, les mineurs se rendaient compte qu'ils avaient été abusés par l'apparente ressemblance avec les minerais de cuivre.

Le kupfernickel et le kobolt, minerais d'apparence et de contenance proches de ceux du cuivre étaient à même d'être confondus par les mineurs avec le celles contenant du cuivre.

Dans les deux cas, à une époque où la sorcellerie et la magie sont encore ancrées dans les mœurs, ce genre de duperie ne pouvait qu'avoir été réalisée par des génies malfaisants vivant sous terre comme les kobolds ou les gnomes. Le minerai de kobolt devait donc son nom aux génies souterrains que l'on imaginait venir remplacer le métal

---

[23] Sulfure de cobalt et d'arsenic.

[24] La chalcopyrite est un mélange d'oxyde de fer et de cuivre soufré, de formule $CuFeS_2$. Elle se rapproche de la pyrite, jaune doré elle aussi, de formule FeS_2.

[25] Le nickéline contient de l'arséniure de nickel, NiAs.

rouge par ce succédané inutilisable voire puant lors de sa lixiviation. Le second, appelé par Cronstedt « kupfernickel », répondait aux mêmes critères légendaires.

Le nickel fut extrait de la nickéline ou niccolite, un arséniure de nickel de couleur rougeâtre, couleur qui le faisait ressembler au cuivre qui en était absent. La niccolite devait son nom à une autre appellation de l'arséniure de nickel que l'on appelait « nikolaus » mais aussi « kopparnickel ».

Urban et Wallerius, professeurs étudiant la chimie à Uppsala, étaient arrivés à une conclusion similaire quant à la composition du kopparnickel, un mélange d'arsenic, de fer, de cuivre et de cobalt. Tous deux se trompaient et c'est grâce à des tests d'identification très précis sur les complexes et les précipités que Cronsted put démontrer l'absence de cuivre et la présence d'un nouveau métal dans le kopparnickel. Cette découverte fut confirmée par Henrik Theophilus Scheffer (1710 – 1759) directeur de la plus grande mine d'or de Suède et membre de l'Académie des Sciences suédoises[26].

Élu membre de l'Académie Royale des Sciences de Suède (1753), Cronsted décida de faire le tri dans toutes ces appellations et de réduire le nom du kopparnickel pour l'appeler plus sobrement nickel (1754), un nom qui restera dans l'histoire…

Il faudra cependant attendre l'intervention de Bergman,

---

[26] Scheffer peut être considéré lui aussi comme l'un des fondateurs de la chimie suédoise. Il était l'auteur d'une méthode de séparation de l'or et de l'argent, s'occupait de la docimasie des pièces de monnaie, identifia le platine et fut l'auteur de conférences en chimie et de cours qui furent publiés par Bergman bien après sa mort (1752) en 1775.

vers 1775 et d'une publication commune avec Afzelius pour que définitivement la croyance en un prétendu alliage de koppar-nickel disparaisse et que soit reconnue la découverte du nickel par Cronsted.

Entre temps, Cronsted était devenu directeur du district minier du Berslagen et y possédait un laboratoire où il fit d'autres expériences sur le nickel et poursuivit ses recherches en chimie.Il est ainsi l'auteur d'une autre découverte d'importance puisqu'il mit en évidence à partir de roche silicatée comme la stilbite, l'existence de cavités internes au minéral qui vont pouvoir lui donner des propriétés spécifiques. Cronstedt qui fait chauffer le minéral observe un dégagement écumeux de celui-ci. Ce qui l'inspire pour lui donner son nom encore usité aujourd'hui de « zéolite », qui signifie « la pierre qui bout ». Ainsi écrit en 1756 dans sa communication à l'Académie Royale des Sciences de Suède, Buffon lui adjoindra en 1783 le « h » manquant à sa correcte étymologie française puisque le mot vient des mots grecs « zdeein » (ζειν) bouillir et lithos (λιθοσ) la pierre. Se trouve donc dans l'*Histoire Naturelle des Minéraux* de Buffon, la zéolithe avec son orthographe actuelle.

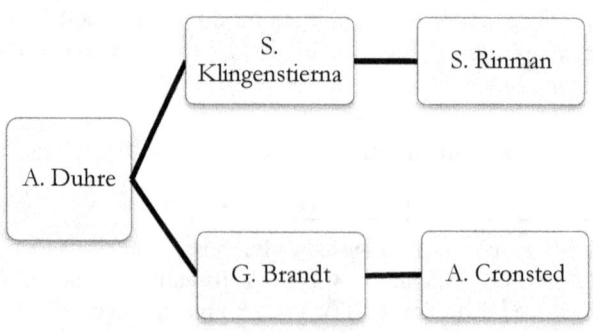

Généalogie scientifique d'Anders Duhre (1680 – 1739)

LE VERT DE COBALT DE
SVEN RINMAN (1720 – 1792)

Fils d'un trésorier, Sven Rinman étudia à Uppsala où il eut pour professeur Samuel Klingenstierna et Johann Gottschalk Wallerius. Vers 1740, la chimie n'existe toujours par officiellement à Uppsala. C'est toujours le Bergs-Kollegium qui montre dans ce domaine, et ce grâce aux enseignements en minéralogie et en métallurgie, sa supériorité et un savoir-faire pour l'instant inégalé.

A l'université, Rinman développe des compétences en docimasie (l'art de doser les métaux) qui le font recruter aux Mines et au fameux Bergskollegium dont il devient élève – enseignant (1740). A cette époque, ses collègues sont Brandt et Cronsted mais tout comme ce dernier, son apprentissage dans le domaine ne va pas se cantonner aux réactions chimiques au laboratoire. Afin de parfaire ses connaissances dans le domaine, il débute un tour d'Europe où il voyagera durant deux ans principalement en France, aux Pays-Bas et en Allemagne (1746 -1747).

Devenu une autorité dans le domaine, Rinman qui devint inspecteur des Mines, s'occupa de métallurgie, d'améliorer la production de l'acier, de l'étamage de l'étain, du laminage du cuivre. A lui d'étudier l'ensemble des minerais que l'on pouvait trouver dans les riches terres de Suède et de Norvège, d'en étudier la fonte, la résistance aux explosions et de produire les protocoles afin de faire fonctionner pour chaque type d'alliage et de gangue, les fours des forges royales. Les prérogatives de Rinman l'intéressèrent également aux aciers et à l'élaboration efficace de haut-fourneaux, domaine dans lequel il recruta un autre chimiste des Mines, Bengt Andersson Qvist (1726 – 1799) qui fut notamment chargé d'étudier en Angleterre.

Tout comme les autres éminents métallurgistes des Mines, Qvist fut étudiant à l'Université d'Uppsala (1743) avant d'intégrer le Bergs-Kollegium en tant qu'inspecteur.

Fait membre de l'Académie Royale des Sciences en 1753, Rinman participa au développement de l'usage du soufflet à bouche (qu'utilisaient également Cronstedt et plus tard Lavoisier). Il ne fut à cette époque donc pas le seul expert chimiste en métallurgie à être reconnu pour ses compétences à la prestigieuse académie suédoise[27].

A partir de 1760, il est appelé à des postes de direction dans les Mines et les Forges et contribua à l'essor industriel de la métallurgie en Suède, notamment avec la création de l'un des premiers centres du genre à Fristaden, sur les bords de l'Eskiltunaan. C'est avec Qvist, qu'il travaille une fois de plus.

Dans les années 1770, Rinman possède la lourde tâche de rédiger une encyclopédie du fer, matériau et métal d'importance s'il en est, travail pour lequel il va se faire aider de ses fils mais aussi d'un ingénieur minérallurgiste, Erik Nordewall (1753 – 1835).

Nordewall n'est pas chimiste. Il a étudié à Uppsala les mathématiques avec Jonas Meldercreutz (qui fut avec Celsius de l'expédition de la mesure du méridien terrestre en Laponie) et comme ingénieur civil s'est occupé d'écluses, de ponts et de canaux en vue de leur remise en état ou de leur

---

[27] Avant que la chimie ne fasse une apparition officielle dans les disciplines scientifiques suédoises, la plupart des grands scientifiques des Mines, Brandt, Cronsted, Rinman, Qvist, sont à l'Académie. Leur savoir est hautement reconnu voire récompensé si ce n'est par de hautes fonctions, par des titres de noblesse et la reconnaissance de la Couronne.

« fortification. » Nordewall a rejoint les Mines en 1774 et fut affecté à la gestion du bassin métallurgique fondé par Rinman à Fristaden dont il sera nommé directeur en 1784. La tâche encyclopédique à laquelle s'attellent Rinman et Nordewall finira d'occuper les jours de Rinman et c'est Nordewall qui la reprendra à sa mort (1792). Indiquons, là encore, pour montrer l'importance du travail de ces deux hommes que Rinman, lorsqu'il eut à endosser ce travail de titan, partait déjà d'un ouvrage débuté avant lui.

Durant cette période, Rinman allait faire la découverte qui allait le garder à la postérité, une découverte encore une fois liée aux éléments chimiques et au cobalt en particulier. En 1780, Rinman utilise du nitrate de zinc, du nitrate de cobalt et du carbonate de potassium. Après chauffage puis séchage, il obtient un dioxyde de zinc et de cobalt de couleur verte, un vert qui va porter son nom ! Le solide pâteux obtenu étant insoluble, il pouvait servir en peinture :

$$Co(NO_3)_2 + Zn(NO_3)_2 + 2\ K_2CO_3 = CoZnO_2 +\ 4\ KNO_3 + 2\ CO_2$$

Cependant, il semble que la fabrication de ce pigment put être améliorée en modifiant quelque peu le mélange de Rinman. De l'oxyde de zinc et du sulfate de cobalt sont en mesure de faire l'affaire :

$$CoSO_4 + ZnO + Na_2CO_3 = CoZnO_2 + Na_2SO_4 + CO_2$$

Si les peintres parlent encore du vert de Rinmnan, c'est surtout la ville d'Eskiltuna qui lui rendit bien des hommages puisqu'une école, un parc et une rue portent le nom de celui qui fonda en cet endroit un centre d'importance dans la métallurgie en Suède. Au XIXe siècle, 80 % de la production mondiale de cobalt est suédoise.

LE CHIMISTE AGRONOME, JOHANN GOTTSCHALK WALLERIUS
(1709 – 1785)

Le premier chimiste de Suède se nomme Wallerius. Né à Stora Mellösa dans la province de Närke, Wallerius commença par être instruit chez ses parents (son père était une personnalité locale qui gagnait bien sa vie) avant d'être lycéen puis étudiant à l'université d'Uppsala (1725). Wallerius étudie alors la médecine, les mathématiques et la physique avant d'obtenir un grade de docteur en philosophie naturelle en 1731. Ses professeurs sont alors Celsius (qui enseigne notamment l'astronomie), Klingenstierna (qui enseigne les mathématiques), Nils Rosen von Rosenstein (1706 – 1773) qui enseigne la médecine et que l'on considère comme l'un des fondateurs de la pédiatrie. Wallerius qui se destine à une carrière médicale profitera également des cours de Lars Roberg (1664 – 1742), médecin auteur du premier manuel d'anatomie suédois et fondateur d'un centre médical.

Wallerius poursuit ses études en médecine en Suède avant de devenir docteur en la matière (1735). Il devint par la suite professeur de médecine (1741) puis en 1750, il obtient la chaire de chimie de l'université d'Uppsala[28].

C'est une véritable nouveauté qui montre l'importance qu'est en train de prendre la chimie en Suède et comment les assesseurs de l'université sont résolument décidés à poursuivre leur enseignement de pointe.

L'affaire ne fut d'ailleurs pas aisée puisque les médecins de l'université s'opposèrent à cette création au profit d'une chaire d'iatrochimie. Et pour comprendre la différence subtile entre la chimie et cette « chimie médicale » il faut remonter au temps du premier médecin alchimiste chimiste, le grand Philippus Theophrastus Aureolus Bombastus von Hohenheim (1493 – 1541) plus connu sous le nom de Paracelse.

Paracelse fut le précurseur de l'usage médical des métaux et des minéraux dans la confection de substances médicamenteuses à administrer au patient. L'enseignement de Paracelse qui préfigure la naissance de la posologie médicale, porte parfois le nom de spagyrie et est encore emprunt d'hermétisme, d'astrologie et donc d'alchimie. L'idée cependant va faire son chemin et être modifiée par un autre médecin alchimiste qui fit également des travaux dans les domaines de la combustion et de l'étude de la respiration des végétaux, Jean-Baptiste van Helmont (1577 – 1644).

Avec van Helmont se met donc en place cette chimie médicale du nom d'iatrochimie pour laquelle des chaires

---

[28] Avec la chimie, Wallerius enseigne la métallurgie et la pharmacologie.

universitaires font leur apparition. Outre van Helmont, un autre pionnier dans le domaine se trouve être l'anatomiste Franciscus Sylvius (1614 – 1672) qui fonda une école de médecine iatrochimique après avoir été initié à la chimie par Glauber. A Iéna, à Leyde, à Marbourg, la chimie médicale était donc enseignée avec comme préceptes l'usage médicinale voire pharmacologiques telles qu'on la concevait selon les enseignements de Paracelse, Van Helmont et Sylvius.

Lorsqu'il fut donc question en 1750 de créer une chaire d'iatrochimie à Uppsala avec le soutient du collège des médecins universitaires ceux-ci entrèrent en conflit avec le recteur et ses conseillers qui furent décidés à créer une chaire de chimie. Pour l'année 1749, le vice-recteur n'était autre que Samuel Klingenstierna et Carl von Linné avait été nommé pour l'année 1750. C'était donc un grand universitaire qui était à même de conseiller le recteur, titre qui revenait au roi en personne. Or comme nous avons pu le voir, celui-ci avait remarqué l'importance de la chimie professée et étudiée au Bergs-Kollegium par plusieurs chimistes qui devinrent ses proches collaborateurs comme Brandt, Cronsted, Rinman ou encore Daniel Tils. C'est donc une chaire de chimie qui sera créée à l'université et celle-ci échoit au professeur Wallerius qui, imprégné de la culture des Mines et les chimiatres, enseigne donc la métallurgie et la pharmacologie.

Devenant un professeur incontournable, recrutant pour le domaine de la chimie plusieurs étudiants qui après l'université rejoindront les administrations de la couronne dans les Forges, les Mines, la Monnaie, en plus d'être chimiste et minéralogiste, Wallerius est considéré comme le fondateur de l'agrochimie, l'usage de la chimie avec pour application le développement des cultures et l'amélioration du traitement des sols.

Les travaux pionniers de Wallerius préfigurent ceux de Davy, Liebig, Berzelius et en France en 1860 de Boussingault qui avec le titre de ses mémoires « Agronomie, Chimie Agricole et Physiologie » résument les préoccupations de cette branche naissante de la chimie.

La technique d'étude des sols de Wallerius consiste à faire leur analyse chimique, à séparer les sols selon leur nature (argileux, calcaires, etc.) et à tester ensuite ses théories sur les champs de la ferme qu'il a acquise dans les années 1740. Lavoisier rependra cette démarche lorsqu'il travaillera dans le même domaine et selon la même idée.

Le traité de Wallerius sera traduit en français (Eléments d'agriculture physique et chimique, 1766). La ferme qu'il a implantée en vue de faire prospérer les cultures aura eu une seconde vocation puisqu'elle permettra de nourrir une région menacée par la famine.

Devenu membre de l'Académie des Sciences de Suède en 1750, vice-recteur de l'université en 1756, il se retire de sa chaire de chimie à l'université en 1767 où lui succède son ancien étudiant, Tobern Bergman.

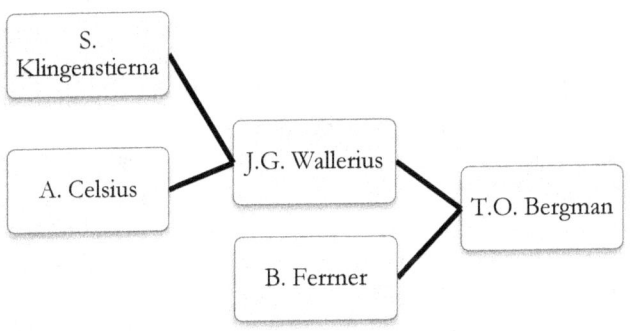

Généalogie de Johann Wallerius (1709 – 1785)

TOBERN BERGMAN
(1735 - 1784)

Lorsque la retraite du professeur Wallerius à l'université d'Uppsala laissa une place vacante pour enseigner la chimie, la candidature de Bergman fit grand bruit puisqu'on l'accusait d'être à la fois ignorant et non publiant dans le domaine. Il n'en fallut pas plus à Bergman pour s'enfoncer dans son laboratoire et préparer un traité de fabrication de l'alun qui sitôt publié devint une référence. Cette réussite éclatante ne fut pas suffisante pour justifier la candidature et l'élection de Bergman à la place de Wallerius. Le chancelier de l'université était à l'époque un titre royal, délégué au prince de Suède et celui-ci se décida à faire étudier les travaux de Bergman par d'autres chimistes non concurrents à la place de Wallerius. Il en ressortit toute l'exactitude et la clairvoyance de Bergman qui justifiaient amplement sa nomination. Mais ce ne fut pas suffisant. Aussi le prince se chargea-t-il directement de la défense de Bergman, qui fut élu et ni l'un ni l'autre n'eurent à regretter de permettre à ce naturaliste, physicien, astronome et mathématicien de briller bien plus haut dans un domaine dans lequel on le croyait doté de peu de connaissance et de maîtrise.

Bergman était entré à l'université d'Uppsala très jeune (à 17 ans) pour y étudier la botanique, les sciences naturelles en général et les mathématiques. Son père le destinait à tout sauf à une carrière scientifique (la magistrature ou l'église) et lui avait fait dépêcher un précepteur pour le surveiller. Ce fut une tâche bien compliquée car Bergman, au lieu de vivoter et de papillonner pour s'éloigner de ses études et profiter de sa jeunesse et de sa liberté d'étudiant, fit tout le contraire en se lançant avec force dans toutes les disciplines scientifiques qu'il put étudier. Le précepteur dut lui-même demander à Bergman de travailler moins et de s'épargner !

Après avoir été l'étudiant de Ferrner (1758), Bergman devient professeur de sciences naturelles puis de mathématiques (1761). Il possédait par ailleurs de sérieuses connaissances en entomologie et en botanique, domaine dans lesquels il se fit remarquer d'un autre résident illustre d'Uppsala, avec qui il devint ami, Carl von Linné. Enseignant également la physique, Bergman étudia l'électricité statique, les aurores boréales et quelques autres phénomènes météorologiques comme les arcs-en-ciel ou encore la foudre.

S'il fait également quelques contributions à la géographie et à l'astronomie, Bergman va devenir un personnage important de l'histoire de la chimie, un domaine qui n'est, comme nous l'avons dit, pas au départ son domaine de prédilection. La situation change après sa publication et son entrée à l'Académie Royale des Sciences en 1764. Plus rien ne semble s'opposer à Bergman pour lui permettre de prendre la suite de Wallerius.

C'est ainsi qu'en 1767, Bergman devient professeur de

chimie et de minéralogie à Uppsala, s'occupe d'en rénover le laboratoire et de démarrer une carrière conséquente en améliorant considérablement des domaines encore naissants de la chimie d'analyse moderne.

Sous la houlette de Bergman celle-ci devient qualitative (développement de tests de détection) et quantitative (technique de pesée ou de volume) et adaptée à des protocoles d'analyse par voie sèche ou par voie humide. Bergman souhaite appliquer à la chimie l'art de la classification. Dans le cabinet qu'il fait construire au laboratoire de l'université, il ordonne les minéraux, les substances chimiques, les provenances des terres de Suède, puis cherche des liens, des redondances dans les espèces qu'il veut caractériser par leur composition et leurs propriétés chimiques.

Au crédit de ses recherches, Bergman analyse lui aussi l'air fixe de Black mais montre qu'il possède des propriétés acide et le nomme « air acide aérien ».

En effet, au contact de l'eau, le dioxyde de carbone interagit avec celle-ci pour donner une solution de que l'on appellera plus tard « l'acide carbonique », issue bien évidemment du gaz qui allait porter le même nom, le gaz carbonique.

Bergman travaille également sur les métaux, le nickel en particulier pour lequel il refait les expériences de Cronsted et prend parti de son coté contre l'avis d'Urban et Wallerius. Ces deux chimistes n'étaient pas persuadés que la niccolite contenait bien un nouvel élément chimique malgré les essais et les analyses de Cronsted faites en 1750. Grâce à ses publications dans le domaine, Bergman défendra la position de Cronsted et fera admettre l'existence du nickel.

Parmi les autres minerais dont s'occupe Bergman se

trouvent des espèces dénotées selon des noms très alchimiques comme la régule de manganèse, la magnésie ou encore la terre pesante à laquelle nous allons nous intéresser maintenant.

En 1747, Wallerius s'était intéressé à une pierre ayant les mêmes propriétés que celle décrite par Agricola comme ayant la capacité de mousser lorsqu'elle était chauffée (1546). Cette « lupi spuma » d'Agricola (la bave du loup), fut baptisée « wolf rahm » par Wallerius.

Grâce à l'étude analytique des minerais, des cristaux et des pierres (ce que faisait séparément Bergman avant de faire ses recoupements), plusieurs minerais semblaient contenir dès lors des espèces chimiques semblables qu'il restait à séparer et à identifier. Il existait alors deux pierres similaires qui étaient susceptibles de contenir deux éléments différents. La wolframite de Wallerius et la tungsténite de Bergman.

En acidifiant la tungsténite de Bergman, Scheele avait obtenu un nouvel acide, l'acide tungsténique[29] selon une réaction simple :

---

[29] « L'acide tungsténique ne s'est trouvé jusqu'ici que dans l'espèce de pierre calcaire qui porte le nom de tungstène ». Cet extrait des Éléments de Minéralogie de Kirwan montre la complexité de la naissance étymologique et chimique d'un élément puisqu'ici le tungstène désigne à la fois une pierre, un oxyde et un élément chimique. Une ligne plus haut on peut lire : « l'acide de la molybdène n'étant connu que de puis très peu de temps, on ne l'a trouvé que dans la molybdène ». Voici comment la molybdène va désigner l'oxyde ou la terre et le molybdène, l'élément correspondant. Pour accentuer cette différence on utilisera un peu plus tard le suffixe « -ite » et la molybdénite sera la roche contenant le molybdène. Celui-ci sera aussi une découverte suédoise…

$$CaWO_4(s) + 2\,H^+ = Ca^{2+} + H_2WO_4$$

Schelle et Bergman pensaient alors qu'il suffirait de réduire cette solution acide afin d'obtenir l'élément en question.

L'histoire du tungstène, si elle est liée à nos deux héros suédois, se poursuit en Espagne où les frères Elhuyar produisent les mêmes résultats que Bergman et Scheele sur la wolframite (1783). Ils réussissent ensuite la réduction de l'acide sur carbone pour obtenir le nouvel élément chimique.

$$2\,H_2WO_4 + 3\,C = 3\,CO_2 + 2\,H_2O + 2\,W$$

Le tungstène, s'il contribue à la postérité de Bergman, ne fut pas le seul élément et la seule substance chimique qui furent étudiés dans son laboratoire. Il chercha ainsi à obtenir des différents métaux connus de son époque, les acides correspondants et à les analyser dans les meilleures conditions possibles.

Bergman qui ne fut pas seulement un excellent expérimentateur et un directeur de recherche exceptionnel, s'essaya également au développement d'une théorie chimique de transition entre l'ancienne et la nouvelle chimie : l'affinité chimique.

Avec Bergman l'affinité devient « élective » (De attractionibus electivis, 1775). Il dresse un tableau de correspondance montrant les espèces ayant tendance à la réaction ou à l'association et celles qui semblent ne pas avoir à réagir les unes avec les autres. Après Geoffroy en 1718 et Cullen, Bergman développe cette théorie qui sera reprise par Lavoisier (1789) puis par Berthollet (1803).

Bergman, repéré par ses talents hors norme tant en Suède

qu'en dehors de ses frontières fut approché par Frédéric II de Prusse qui chercha à en faire l'un des éminents chimistes de son académie à Berlin mais Bergman n'oublia pas la reconnaissance qu'il avait envers le prince de Suède, à présent devenu le roi Gustave III et ne quitta pas son pays natal.

Avec son manuel de minéralogie paru en 1775, Bergman, fort de ses affinités chimiques et de sa connaissance du comportement des solutions et des solides, était en mesure d'expliquer comment produire des cristaux de manière artificielle, un ouvrage qui inspira également René Just Haüy que l'on connait comme l'un des fondateurs de la cristallochimie.

La santé de Bergman semble avoir été celle d'un homme fragile et ce dès ses plus jeunes années. Sa passion pour les sciences ne lui laissa en aucun cas le loisir de se ménager et il fut harassé à la tâche, tant par celle d'enseigner que de diriger son laboratoire. Cette fragilité fut la cause de son hésitation lorsque Frédéric II tenta de le débaucher, Bergman espérant alors aller vivre sous des climats moins rigoureux. Mais outre ses qualités de savant, Bergman cultivait également celles des âmes nobles, tant par la reconnaissance qu'il vouait à son protecteur que par l'amitié qui le liait à ses élèves qui faisaient sa fierté, Scheele en tête.

L'impulsion que donne Bergman par l'intermédiaire de ses cours et par ses recherches durant lesquelles il encadre plusieurs étudiants remarquables va développer à l'Université un savoir-faire qui va contribuer à sa renommée. Dès lors, l'Université avec son laboratoire de chimie sera en mesure de rivaliser grandement avec le Bergs-kollegium et d'y voir s'y succéder de brillants chimistes.

Pour ceux qui furent ses élèves et qui allaient faire une carrière brillante, Afzelius (1776), Hjelm (1779), Gadolin (1780) ou encore Ekeberg (1788) sont à évoquer. Tous devaient cependant s'incline devant son plus brillant élève, un apprenti pharmacien autodidacte, Scheele…

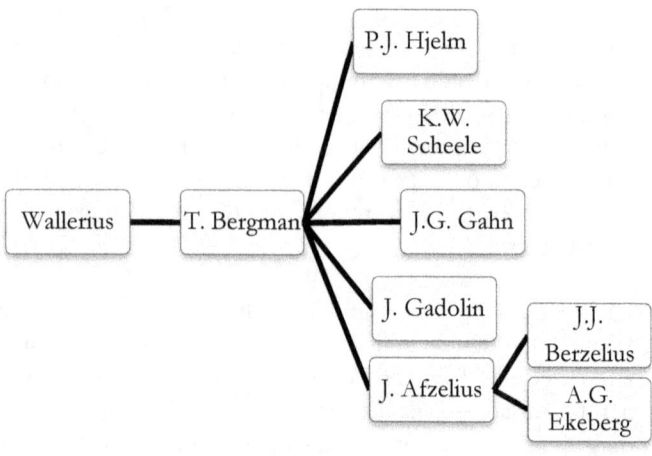

Généalogie scientifique de Tobern Bergman (1735 – 1784)

Fondée officiellement en 1750 avec Wallerius, c'est surtout avec Bergman que la chimie suédoise prend son essor et va jouer un rôle dans l'analyse, l'extraction, la séparation et la mise en évidence de nouveaux éléments chimiques. Avec Bergman, c'est une véritable descendance de chimistes qui fait son apparition, descendance où l'on rencontrera Scheele mais aussi le très renommé Berzelius…

CARL WILHELM SCHEELE
(1742 – 1786)

Le jeune Carl nait dans une famille nombreuse de onze enfants dont les difficultés financières (son père est ruiné) rendent la vie quotidienne très difficile. Scheele fait de médiocres études au collège à la suite de quoi son père lui trouve une place d'apprenti dans la pharmacie d'un ami apothicaire où il entre dans sa treizième année. Durant les huit années de son « noviciat », Scheele s'est découvert une véritable passion pour la chimie et ne ménage pas ses efforts pour faire de multiples expériences dans le laboratoire de son maître à la nuit tombée. Il réussit à devenir préparateur en pharmacie (1768) à Stockholm toujours avec l'envie de poursuivre ses recherches car pour l'instant, il ne dispose que de l'embrasure d'une fenêtre pour réaliser au clair de lune ses expériences.

En 1770, Scheele quitte Stockholm pour Uppsala où il s'occupe des produits chimiques pour l'université de la ville. Un jour, il apprend que l'éminent professeur Tobern Bergman s'est plaint du salpêtre (KNO_3) fourni par son laboratoire, salpêtre qui au contact de l'acide acétique (CH_3COOH) a dégagé une vapeur rousse, preuve s'il en est de son impureté.

Tobern Olof Bergman est alors un professeur dont le savoir et l'autorité sont reconnus par ses pairs. Spécialisé dans l'analyse quantitative (l'identification et la mesure de la quantité d'une espèce dans un, composé), Bergman a notamment contribué à développer la classification des minéraux et des métaux. Professeur à l'université, Bergman faisait donc commander les produits pour ses expériences dans un laboratoire chargé de leur fabrication, celui où travaillait justement Scheele. Si le salpêtre fourni dégageait une vapeur rousse, c'est qu'il contenait une impureté réagissant au contact du vinaigre lors de sa dissolution, du moins tel était l'avis du professeur Bergman.

Tandis que le professeur vaque à ses occupations, il mande donc l'un de ses assistants pour quérir un nouveau salpêtre de bonne qualité cette fois et obtenir non seulement réparation mais de plates excuses de la part des laborantins bien peu compétents. Scheele n'est pas loin lorsqu'il entend l'histoire rapportée et s'enquiert immédiatement de son déroulement. Comment est apparue la vapeur, comment s'est fait le mélange, etc.

Bergman qui s'attend à des excuses voit ainsi son émissaire revenir non pas avec un salpêtre de meilleure qualité mais avec l'explication de la réaction chimique ayant eu lieu. Le grand professeur n'en croit pas ses oreilles ! Au contact de l'acide acétique, une réaction chimique a provoqué la transformation du nitrate de potassium en monoxyde d'azote. Ce gaz incolore, au contact de l'air est devenu dioxyde d'azote un gaz roux, coloré et visible. L'explication chimique pourra sembler compliquée. Comment ne pourrait-elle pas l'être puisqu'elle fait intervenir plusieurs réactions complexes d'affilée ! Bergman est quant à lui impressionné et on peut l'imaginer encore plus qu'aujourd'hui, à une époque où l'on ignore l'existence de l'oxygène, de l'azote et des formules chimiques des éléments ! Le grand chimiste se doit de rencontrer celui qui d'un simple regard et d'une simple description a réussi à percer des secrets aussi bien obscurs de la matière et il fait donc le déplacement.

Il a été dit de Max Planck que sa plus grande découverte fut Albert Einstein. Pourrait-on dire de même de Bergman lorsqu'il rencontre Scheele ? A nouveau, Scheele explique comment du monoxyde d'azote vient de se former et comment au contact de l'air vient à s'oxyder en dioxyde d'azote. Bergman, conscient qu'il vient de rencontrer un grand chimiste, met alors à sa disposition son laboratoire pour que Scheele puisse y faire ses expériences, car c'est bien sur la piste de l'oxygène et de l'azote qu'il se trouve.

C'est à Uppsala que Scheele découvre donc l'oxygène (1770), l'azote (1771), l'acide fluorhydrique (1771) ou encore le chlore (1774) bien qu'il nomme et interprète l'existence de ces gaz à l'aide de la théorie du phlogistique très en vogue en Europe et en Allemagne à cette époque. Et voilà pourquoi, c'est à Lavoisier que l'on donne la parenté de la découverte de l'oxygène, à Priestley celle de l'azote et à Davy celle du chlore[30].

Les découvertes de Scheele sont en partie publiées et interprétés dans son unique ouvrage, Traité de l'Air et du Feu, qui ne parait qu'en 1777 et qui sera traduit en français. Elu membre de l'Académie de Suède en 1775, Scheele se voit proposer plusieurs postes sur place et à l'étranger qu'il refuse. L'empereur Frédéric II le veut à Berlin, la couronne de Suède aux manufactures. Mais Scheele n'a pas de rêve d'une grande carrière avec de grandes responsabilités. Certains hommes aspirent à un destin bien plus grand que ce dont ils sont capables et son prêts à tout pour rendre crédible cette imposture. D'autres, peu conscients de leur propre mérite, se voient bien plus insignifiants qu'ils ne le devraient. Scheele, l'apprenti devenu laborantin, n'ambitionne rien d'autre que de fuir les princes et les responsabilités pour avancer paisiblement dans ses travaux.

---

[30] Il ne suffit pas de faire l'expérience excellente qui permet de débusquer une nouveauté scientifique, encore faut-il plaire à la postérité en réussissant à donner une interprétation correcte et convaincante. Remarquons qu'à l'inverse, c'est ainsi que l'on tente de dépouiller Lavoisier d'une partie de ses découvertes et Einstein des siennes.

Grâce à ses relations, il obtient un poste dans une pharmacie tenue par une veuve dont le premier mari décédé la laisse dans l'embarras. Scheele tombe amoureux, et de la veuve et de la pharmacie et convoite donc de la racheter à sa propriétaire à qui il va faire la cour. Scheele décide de l'épouser mais découvre alors qu'elle est criblée de dettes. S'il veut pouvoir garder la pharmacie, il lui faudra l'acheter et pour en devenir le véritable maître, passer son diplôme d'apothicaire, ce qu'il réussit en 1777.

Voici donc notre homme bien heureux, à s'occuper de ses recherches et à rembourser les dettes de sa femme. Ses expériences remarquables lui permettent de découvrir l'acide sulfureux (H_2S) en 1777, le trioxyde de tungstène (WO_3) en 1781 en étudiant un tungstate de calcium aujourd'hui appelé « scheelite » (ainsi nommé en son honneur). De sa correspondance avec Bergman, celui-ci donne au reste de l'Europe des *Mémoires* qui permettent aux chimistes de connaître son immense talent (Berthollet, Davy, Lavoisier, Fourcroy, Guyton de Morveau, Priestley n'ignorent rien de ses travaux).

Scheele sait-il qu'à l'Académie Royale des Sciences de Paris et à la Royal Society, ses expériences sur les acides et sur l'air acide marin déphlogistiqué (Cl_2), sont d'un grand intérêt notamment pour les chimistes Berthollet et Davy ? Pour Berthollet, utiliser les travaux de Scheele sur le chlore lui permettra l'invention d'un procédé industriel pour faire de l'Eau de Javel et ainsi pouvoir décolorer draps et tentures. Pour Davy, l'affirmation que l'air acide marin déphlogistiqué est bien un nouveau gaz qu'il nomme « chlorine » à cause de sa couleur verte ce sera la reconnaissance d'avoir découvert un nouvel élément chimique !

Ses travaux sur l'acide fluorhydrique, l'acide sulfureux et

l'acide cyanhydrique seront eux aussi d'importance : ils ouvrent la voie aux travaux de Davy sur la véritable nature des acides et à modifier la théorie de Lavoisier : ce n'est pas l'oxygène qui apporte le caractère acide mais bien l'hydrogène. Et pour preuve, HF, H_2S et HCN, ce dernier acide aussi nommé acide prussique sur lequel travaillera Gay-Lussac, ne contiennent pas d'oxygène !

Si les grands noms de la chimie citent Scheele, le roi de Suède lui-même apprendra la valeur de son illustre sujet qui fait rayonner à l'international la valeur scientifique d'un pays qui ne possède pas encore de personnalité de l'aura de Berzelius. Qu'on l'anoblisse chevalier ! Et que l'on s'exécute sur le champ ! Le ministre en charge de cette affaire se trouve bien embêté tant il ignore qui est ce célèbre anonyme. Scheele est si peu connu que c'est un homonyme que l'on distingue à sa place ! Faut-il penser que certains sont faits pour briller et d'autres, pour luire discrètement dans l'ombre sans pour autant ne pas regretter un instant leur vie si paisible ?

En 1786, Scheele réussit enfin à payer ses dettes, à épouser la femme de ses rêves et à tenir *sa* pharmacie. La somme des efforts de toute une vie enfin récompensée. Mais au jour de son mariage, il se sent défaillir et meurt trois jours plus tard. Ainsi s'éteint l'illustre inconnu, Carl Wilhelm Scheele.

Et voici madame Scheele de nouveau veuve et sans mari. La vie continue et la dame deux fois veuve de pharmacien, se remariera à nouveau. Après la disparition de Carl, un nouveau prétendant est venu faire sa cour, à la dame et à son établissement. Et voici madame Scheele de nouveau mariée, avec le successeur de son mari, appelé lui aussi à tenir sa pharmacie…

LE MANGANÈSE DE
JOHAN GOTTLIEB GAHN
(1745 – 1818)

Fils du trésorier royal du comté de Falun, Gahn fait ses études à l'université d'Uppsala entre 1762 et 1770 où il a pour professeur Bergman et comme ami, Scheele. Plutôt renfermé et secret, Gahn qui n'a pas le verbe facile, est tout comme Scheele un homme discret qui possède cependant le sens de l'amitié.

Après ses études, Gahn part pour Falun où il s'occupe d'industrie chimique et de métallurgie. Il y développe des techniques d'amélioration de la fusion du cuivre, la production du vitriol et du soufre (1770). En 1773, il est recruté par le Bergskollegium des Mines, là où œuvrent Rinman et Cronstedt[31]. Il y travaillera jusqu'à sa mort. Gahn

---

[31] Rinman est aux Mines depuis 1740, Cronstedt depuis 1742. Gahn intègre cette puissante institution en 1773 et Hjelm y sera également présent à partir de 1774. Le lecteur pourra se rendre

en tant qu'élève enseignant puis chercheur aux Mines incarne le chimiste formé à l'Université puis aux Mines et qui pourra de par ses compétences permettre encore aux institutions de la Couronne d'assurer sa suprématie et sa maestria dans la métallurgie et le développement industriel de la Suède.

En 1774, il réussit à obtenir le manganèse par réduction de son oxyde à l'aide de carbone :

$$MnO_2 + C = Mn + CO_2$$

Le procédé n'est pas parfait et l'obtention possède encore quelques impuretés mais d'autres chimistes du groupe de Bergman utiliseront par la suite et le manganèse et le dioxyde de manganèse pour leurs expériences. Gahn ne se sent pas de publier ses résultats mais n'hésite pas à les communiquer à ses deux amis, Bergman et Scheele, qui sauront lui rendre justice.

Le manganèse est tout d'abord connu sous le nom d'une pierre, notamment extraite dans la province de Magnésie en Thessalie. Celle-ci contient en fait du dioxyde de manganèse, utilisé à la fois comme colorant ou décolorant du verre mais probablement aussi comme un alliage au fer qui fit la renommée des armes des Spartiates durant les guerres puniques et médiques.

La « magnes lapis » était le nom donné à la pierre de Magnésie qui en fait était distinguée par deux genres en grec. Le « magnès », qui était aimanté et qui était

---

compte à quel point, à cette époque et en Suède, les Mines jouent, peut-être plus qu'en France, un rôle d'importance dans le développement économique et dans le domaine de l'enseignement suédois des chimistes/métallurgistes.

vraisemblablement la magnétite (un mélange d'oxydes de fer) et la magnes, baptisée plus tard « magnesia ». C'est cette pierre qui prit le nom de « manganesum » dans les textes latins du Moyen Age, peut-être sous l'influence des alchimistes qui la nommaient « magnesia negra », la magnésie noire, par opposition à la magnésie blanche. Il y avait donc matière à se tromper. C'est en étudiant une pierre brune contenant le dioxyde de manganèse que Gahn réussit ainsi à obtenir le manganèse (et non le magnésium)[32].

Tout comme Bergman, Gahn utilisait le soufflet à bouche que l'on appelait aussi sarbacane et en recommandait l'usage.

Tandis que sa position aux Mines en fait un examinateur et un professeur, il est élu représentant au Parlement en 1778, 1809 et 1810. Il semble que du point de vue politique, Gahn fut un proche d'un personnage important de l'histoire de la Suède, Hans Järta qui joua un rôle de premier plan dans le coup d'état de 1809 visant à renverser le roi Gustave IV de Suède.

Dans les roches de sa terre natale, à Falun, est découvert en 1807 une pierre brune de zinc et d'aluminium, de formule $ZnAl_2O_4$ contenant parfois des traces de manganèse. Elle fut nommée gahnite en son honneur...

---

[32] La magnésie a pour formule MgO. La magnésie blanche, magnesia alba des alchimistes, est le carbonate de magnésium de formule $MgCO_3$. La magnétite est une pierre aimantée de formule chimique Fe_3O_4 (c'est un mélange d'oxydes de fer lui conférant des propriétés ferromagnétiques). La magnésie noire, la magnesia negra des alchimistes rebaptisée plus tard manganesum, est l'oxyde de manganèse MnO. La pyrolusite de Scheele est quant à elle, l'oxyde MnO_2. Il y avait donc de quoi s'y perdre et ce d'autant plus que les symboles chimiques des éléments n'existent pas encore.

LE MOLYBDÈNE DE
PETER JACOB HJELM
(1746 – 1813)

Peter Hjelm vint étudier la chimie à Uppsala à partir de 1763. A la suite de l'obtention de son doctorat en 1769 sous la direction de Bergman, Hjelm va assurer plusieurs fonctions en tant que consultant mais aussi comme enseignant au Bergskollegium des Mines (1774) dont il sera plus tard le chef de laboratoire (1794).

En 1781, Hjelm réussit à isoler un nouvel élément chimique, le molybdène, grâce aux analyses de Scheele et à la technique de Gahn. Le molybdène était jusque là considéré comme identique au graphite, à la galène et au plomb (le molybdène tirant son nom du grec signifiant plomb). Après que Scheele eut affirmé en 1778 que tous ces composés étaient différents, Bergman pensa que la molybdénite contenait un nouveau métal sous la forme d'un oxyde dont il fallait réussir l'obtention et la réduction. Ayant remarqué que l'action de l'acide nitrique sur la pierre donnait un sel blanc (ce qui ne correspondait ni à un composé du soufre ni à du graphite), Bergman suggère à Scheele d'en tenter la réduction mais celui-ci ne possède pas le matériel adéquat pour le faire.

Au Bergskollegium, Hjelm possède un four à réduction suffisamment puissant pour tenter la réduction par le carbone. Hjelm utilise la réaction de réduction au carbone de Gahn dans de l'huile de lin et réussit à obtenir le molybdène selon une équation du type :

$$2\,MoO_3 + 3\,C = 2\,Mo + 3\,CO_2$$

Le choix de Hjelm a été de travailler avec les

recommandations de Scheele qui avait appelé molydenum le nouvel élément qui devait se cacher dans la molybdénite dont la formule brute est celle d'un sulfure de molybdène, MoS_2[33].

Hjelm, après cette importante découverte est appelé à la direction de la Monnaie (1782) avant de faire son entrée à l'Académie Royale des Sciences de Suède (1784).

Pour terminer cette brève chronique de la vie et de l'œuvre de Gahn, remarquons encore une fois combien les chimistes sont à cette époque appelés en Suède, à la direction de la Monnaie, tout comme Newton à Londres, Lavoisier, Vauquelin et Gay-Lussac le furent également à Paris.

***

Terres & Oxydes, la suite

Pour extraire le métal de son association première avec la gangue, il faut utiliser différents procédés. Sur les carbonates, une calcination, c'est-à-dire un chauffage décomposant le carbonate en oxyde est alors possible. On peut ainsi par exemple récupérer la chaux vive CaO à partir du calcaire $CaCO_3$ selon la réaction :

$$CaCO_3(s) = CaO(s) + CO_2 \text{ (g)}$$

---

[33] On pourra supposer que l'action de l'acide nitrique sur la molybdénite ait donné un oxyde de molybdène MoO_3 lors d'une réaction d'oxydoréduction avec dégagement de monoxyde et de dioxyde d'azote…

L'YTTRIUM DE JOHAN GADOLIN
(1760 – 1852)

La liste des chimistes passés à la postérité en découvrant un élément chimique portant leur nom est assez courte. Le finlandais Johan Gadolin qui eut la chance de venir étudier à Uppsala sous la direction de Bergman (1779) appartient à ce cercle d'immortels des chimistes même s'il n'eut pas la chance, à l'instar d'Einstein ou de Seaborg de pouvoir de son vivant goûter à cette illustre consécration.

Gadolin est né à Abo, en Finlande, durant une partie de l'histoire où celle-ci était (encore) rattachée à la Suède. Fils de scientifique, petit-fils d'un évêque botaniste, Johannes Browallius (1707 – 1755) qui fut élève de Linné et à la fois homme d'église et scientifique, président de l'Académie Royale des Sciences et professeur de physique, Gadolin appartient donc à une lignée remarquable d'homme de science. Son père, professeur de botanique, de théologie et d'astronomie à l'université d'Abo, université presque aussi ancienne qu'Harvard, fut également engagé en politique puisqu'il participa à un coup d'état contre le roi Gustave III ce qui lui valut d'être brièvement emprisonné.

Après avoir été formé par un tuteur qui lui apprit les langues dix heures par jour dès ses cinq ans, il étudie tout d'abord à Abo les mathématiques d'Archimède et d'Euclide mais ne trouve pas dans les domaines qui l'intéressent, la physique et la chimie, un niveau suffisant parmi ses professeurs. Son père aurait souhaité qu'il ait une carrière dans les mathématiques, mais il semble que l'imposante concentration que lui demandait ce domaine ne fut pas en accord avec sa constitution. Il se décide dont à partir pour Uppsala où il fait la rencontre du grand professeur Bergman dont il suit les cours et se lie d'amitié avec l'incomparable Scheele mais aussi avec le discret Johan Gahn.

En 1781, avec le soutien de Bergman, Gadolin soutient sa thèse sur les « pierres ferritiques », puis rentre chez lui où il s'intéresse aux travaux de Lavoisier et à ses réflexions sur l'impossible validité de la théorie du phlogistique.

Gadolin est alors convaincu de la justesse du point de vue de Lavoisier et décide de contribuer à lui donner raison. Il travaille ainsi lui aussi sur les chaleurs massiques afin de rendre compte à la fois de son soutien à Lavoisier et à faire diffuser son œuvre en Finlande.

L'année où il publie ses résultats (1784), il se présente pour occuper la chaire de chimie de l'université d'Uppsala, laissée vacante à la mort de Bergman mais c'est un autre étudiant du maître, Johan Afzelius qui remporte les suffrages.

Gadolin, obtient un poste à Abo (1785), devient professeur de chimie et poursuit ses investigation dans le domaine des chaleurs latentes où il obtient par l'amélioration des procédés et des mesures, des valeurs plus précises pour les transformations mettant en jeu la glace et l'eau. Rappelons que les précurseurs dans ce domaine sont Black en Angleterre (vers 1750) et Lavoisier et Laplace en France (1780 – 1782). Durant un séjour en Angleterre, il rencontre à cette époque (1786) un autre spécialiste et pionnier de la thermochimie, Adair Crawford qui, à la même époque de Gadolin sera sur la piste de la découverte d'un nouvel élément chimique, le strontium.

Johan Gadolin était donc reconnu pour ses mérites en tant que chimiste lorsqu'il gagna la reconnaissance de ses pairs de l'Académie Royale de Suède qui l'acceptèrent dans leur rang en 1790. Ce ne fut pas cependant le couronnement d'une carrière déjà imposante que souligna cet événement mais les prémices de réussites ultérieures encore bien plus remarquables.

En 1792, Gadolin analyse une pierre noire et mystérieuse découverte dans une carrière abandonnée non loin de Stockholm par le lieutenant Axel Arrhenius qui, amateur de chimie, en avait déduit de sa lourdeur qu'elle devait contenir du tungstène. Arrhenius qui découvre la pierre près du village d'Ytterby la nomme « ytterbite ». Gadolin trouve de son côté que cette terre contient plus que les éléments attendus, et qu'il est capable d'en extraire un oxyde d'une terre qu'il qualifie de « rare » (l'expression venait de naître), l'oxyde d'yttrium (Y_2O_3). Voici donc qu'un nouvel élément chimique était dès lors appelé à être isolé.

La publication de Gadolin, confirmée un peu plus tard par les analyses d'Ekeberg qui lui parle « d'yttria » (1797) fait sensation tant et si bien que la roche décrite par le chimiste porte en 1800 son nom, la gadolinite comme synonyme d'ytterbite[34].

L'histoire de la pierre du lieutenant Arrhenius, qui contient en fait plusieurs nouveaux éléments chimiques inconnus, est loin d'être terminée. Mais il faudra attendre l'invention de la spectroscopie par Bunsen et Kirchhoff ainsi que les travaux de Jean Charles de Marignac pour découvrir l'existence d'un élément contenu dans la gadolinite et que l'il appellera gadolinium en son honneur.

Sur l'étain, Gadolin met en évidence l'existence de diverses formes et ses divers degrés d'oxydation grâce à sa dismutation :

$$2 \, Sn^{(II)} = Sn^0 + Sn^{(IV)}$$

---

[34] La gadolinite contient bien de l'yttrium notamment sous forme de silicate mais pas seulement. Elle renferme aussi, ce qu'ignore Gadolin, du cérium, du lanthane, du néodyme et des traces de gadolinium !

En 1791, il s'occupe également de perfectionner un modèle de réfrigérant qu'avait mis au point son père en imaginant un dispositif d'écoulement d'eau dit à contre-courant, c'est-à-dire à déplacement du bas vers le haut de la colonne de verre entourant le cylindre où passe les gaz afin d'assurer une meilleure réfrigération et condensation de ceux-ci.

Lorsque Liebig mettra au point le réfrigérant droit, que l'on utilise toujours en chimie, il utilisera le contre-courant préconisé par Gadolin.

Installé dans la ville d'Abo, Gadolin y fera une grande partie de sa carrière. Il aura deux épouses (la première à 35 ans et la seconde à 59 ans), une douzaine d'enfants, prendra sa retraite à 62 ans et en profitera durant une trentaine d'années.

Fait trois fois chevalier, anobli donc, portant le blason, Gadolin publia en 1798 un ouvrage de chimie analytique qui resta la référence durant un demi-siècle tant il était abordable et en accord avec les théories et les avancées de son temps. Son bureau où il passait une grande partie de son temps, croulait sous les papiers et les rangées nombreuses de sa bibliothèque sous les nombres imposants de ses livres dont plus de trois mille six cents lui ont survécu et ont été transférés à l'université d'Abo après sa mort.

S'il meurt en 1852, bien après la destruction de sa collection de minéraux et de son laboratoire survenus durant l'incendie d'Abo de 1827, d'autres vestiges de son incroyable contribution à la chimie finlandaise ont encore survécu dont deux laboratoires jusque dans les années 60 avant de devenir classés au patrimoine finlandais.

LE TANTALE D'ANDERS GUSTAV EKEBERG
(1767 – 1813)

Anders Gustaf Ekeberg est un chimiste qui peut se targuer d'avoir réussi une carrière remarquable malgré ses handicaps qui auraient pu grandement l'empêcher d'aller aussi loin. Fils d'un maître de chantier, il perd une partie de ses capacités auditives à la suite d'une maladie de jeunesse. Ekeberg bénéficie alors d'un tuteur avant d'entrer à l'université d'Uppsala (1784). Il y travaille sous la direction de Carl Peter Thunberg en 1787 pour l'obtention d'une maîtrise avant de décrocher un master l'année suivante.

Ekeberg qui souhaite encore parfaire ses connaissances, part ensuite pour Berlin et Greifswald puis, à son retour, obtient un poste de professeur au Bergskollegium des Mines (1794). Ekeberg travaille alors conjointement avec Johan Afzelius. En 1795, ils proposent une version suédoise de la nomenclature chimique élaborée par Guyton de Morveau et Lavoisier et y introduisent les noms des espèces chimiques aujourd'hui célèbres de l'oxygène, de l'azote et de l'hydrogène. Durant son séjour à l'université de Greifswald, Ekeberg a rencontré un autre chimiste soutenant les travaux de Lavoisier contre le phlogistique, Christian Weigel (1748 – 1831) dont la carrière illustre le fit appeler comme archiatre royal auprès du roi de Suède en 1795. Weigel, en tant que chimiste peu connu fit cependant partie des concepteur des réfrigérants à contre-courant.

En 1797, Ekeberg s'intéresse à l'ytterbite de Gadolin qu'il nomme « yttria » et dont il confirme qu'elle contient une nouvelle espèce chimique qui n'a pas encore été isolée. Il s'avérera par la suite de cette yttria contenait bien plus qu'un seul élément chimique. Ce sera l'un des élèves de Berzelius,

Carl Mosander, qui se chargera en 1813 de faire cette découverte.

Deux ans plus tard (1799), Ekeberg obtient un poste de professeur de chimie à l'université d'Uppsala[35] et entre à l'Académie Royale des Sciences de Suède. C'est dans son laboratoire de l'université qu'Ekeberg va s'intéresser à dissoudre une pierre plutôt résistante à ses traitements chimiques, issue d'un minerai appelé tantalite et dont il conclut comme étant composé d'un oxyde d'un nouvel élément qu'il baptiste « tantale » du nom mythologique du fils de Zeus condamné à un éternel supplice. Ce ne fut pas sans rapport avec les difficultés rencontrées par Ekeberg pour isoler ce composé qu'il a nommé celui-ci du nom du dieu grec.

Ekeberg sait qu'il a affaire à un oxyde et pense que l'élément qu'il contient est bien différent du colombium que prétend avoir découvert le chimiste anglais Charles Hatchett dans la colombite. Hatchett avait nommé le columbium en l'honneur de Christophe Colomb. Vers 1801, il était admis que la colombite qu'utilisait Hatchett et la tantalite d'Ekeberg étaient deux roches différentes puisque de masses volumiques différentes. Cependant on s'attendait à ce qu'elles contiennent plusieurs éléments chimiques nouveaux : le colombium, le tantale mais aussi le pélopium et niobium ainsi nommés selon les noms des fils de Tantale, Niobé et Pélops[36].

---

[35] Nommé professeur au Bergs-kollegium en 1794, il devient professeur agrégé à l'université d'Uppsala la même année avant d'accéder au poste de professeur de chimie et de laboratoire en 1799.

[36] C'est Heinrich Rose qui propose l'existence du pélopium (1845) après avoir montré que la colombite, identique à la tantalite, contenait du niobium et du tantale (sous formes acides). Mais Rose se trompait. Dans cette histoire, Pélops ne

En 1801, à la suite d'une manipulation dangereuse, Ekeberg perdit l'usage d'un œil. Cette tragédie contribua à affaiblir un homme déjà marqué par la maladie dont les cours perdirent dès lors en clarté et ses intuitions scientifiques en sagacité. Ekeberg, peut-être en défenseur honnête des théories du grand chimiste Bergman, eut une préférence à enseigner sa théorie des affinités électives tout en boudant celle plus « juste » de Berthollet.

Si le grand chimiste Berzelius apprécia les cours d'Ekeberg à l'université d'Uppsala, celui qui allait devenir le plus grand chimiste suédois du XIXᵉ siècle préféra cependant ceux du successeur légitime de Bergman à la chaire de chimie de l'université, Johan Afzelius.

***

Terres & Oxydes, la suite (II)…

L'oxyde obtenu doit ensuite être réduit afin de récupérer le métal « pur ». Cette opération grandement utilisée par les chimistes suédois s'est notamment faite avec le carbone. Ainsi la terre alcaline ou alcalino-terreuse, deviendra par la suite synonyme d'oxyde métallique avant que clairement, grâce à l'analyse chimique et à la théorie de l'oxydation, cette dénomination puisse voire le jour et permettre d'expliquer ces associations métalliques.

survécut pas à son père et en 1864, Blomstrand et Sainte-Claire Deville montrèrent que le colombium n'était autre que le niobium, dont on garda le nom et que le pélopium n'était autre que le tantale d'Ekeberg.

LE SUCCESSEUR DE BERGMAN, JOHAN AFZELIUS
(1753 – 1837)

Le jeune Afzelius étudia tout d'abord à la maison avant d'entrer à l'Université d'Uppsala en 1769 où il étudie la chimie et la minéralogie sous la direction de Bergman. Diplômé en 1776, il est nommé professeur agrégé l'année suivante avant de rejoindre les Mines pour y être enseignant en 1779. Durant cette période, Afzelius a fait dans le domaine de l'analyse chimique organique une découverte importante puisqu'il a réussi à montrer que l'acide formique et l'acide acétique, que l'on pensait identiques, représentaient bien deux espèces chimiques totalement différentes. Afzelius réussit par distillation à isoler l'acide formique de l'acide acétique, le premier devant son nom des fourmis qui sont capables de le sécréter et le second du vinaigre (acetum en latin).

En 1780, il est appelé à Uppsala comme professeur de laboratoire puis prendra la succession de Bergman qui occupait jusque là la direction du laboratoire de chimie et de la chaire de chimie de l'université (1784).

Entre 1792 et 1797, Afzelius voyage en Europe et en Russie pour parfaire ses connaissances en minéralogie et en chimie. Il s'associe à la même époque avec Ekeberg pour produire une nomenclature chimique. Considéré comme un bon chimiste mais « sans plus » (il est souvent co-auteur et de peu de découvertes), Afzelius reste exemplaire dans sa volonté d'ouvrir les portes de son laboratoire à plusieurs étudiants pour qu'ils puissent expérimenter par eux-mêmes, ce qui séduisit l'un d'entre eux en particulier qui se destinait à une carrière ecclésiastique et qui changea finalement d'avis pour devenir l'un des plus grands chimistes d'analyse de la première partie du XIXe siècle, Jons Jakob Berzelius. Afzelius possède néanmoins la reconnaissance de ses pairs. Ses travaux lui valent d'être élu à l'Académie Royale des Sciences de Suède en 1801. Notons qu'aux Mines et à l'Université, Afzelius fut le professeur de Johan Arfwedson qui découvrit plus tard le lithium et de Wilhelm Hisinger qui découvrit quant à lui le cérium. Cependant, ses deux anciens étudiants réussirent ces découvertes dans le laboratoire privé de Berzelius...

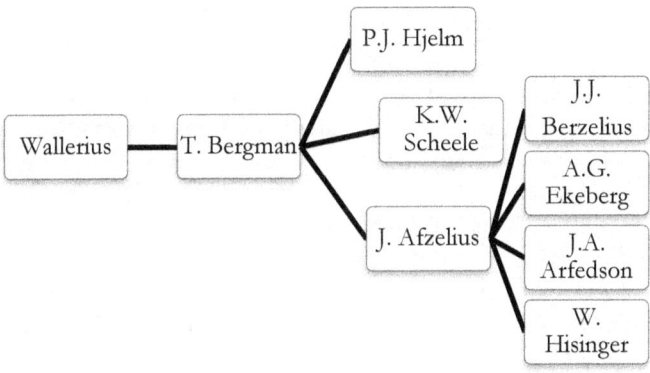

Généalogie scientifique de Johan Afzelius (1753 – 1837)

La chaire de Chimie de l'Université d'Uppsala eut comme premiers professeurs les éminents chimistes Wallerius, Bergman et Afzelius. Avec cette première triade de savants, l'université d'Uppsala pouvait à présent rivaliser avec les illustres chimistes métallurgiste des Mines, Brandt, Rinman et Cronsted. Savants et chimistes devenaient les membres incontournables d'une véritable dynastie scientifique de la chimie suédoise...

CONCLUSION

La chimie suédoise prend ses racines chez les minéralogistes de l'Ecole des Mines de Stockholm, une institution créée en 1637 sous l'autorité de la Reine Christine et qui avait pour vocation de contrôler et de développer la maîtrise des arts métallurgiques et l'exploitation des mines de cuivre et d'or notamment. C'est aux Mines que l'on rencontre ainsi Brandt, Rinman, Cronsted, Ekeberg, Hjelm qui vont contribuer au développement de la chimie analytique

Ces techniciens formés aux Mines et parfois à l'Université seront à partir de 1750 épaulés par les brillants étudiants qui suivront les cours du titulaire de la chaire de chimie de l'Université d'Uppsala. Après son premier maître, le chimiste Wallerius, tant les Mines que l'Université vont disposer d'un nombre conséquent de professionnels de la chimie expérimentale mais aussi quelques professeurs au fait des dernières théories et qui seront à même de les soutenir, de les diffuser ou bien de les décrier. Il y a donc une évolution dans la manière d'interpréter la chimie entre 1750 et 1789, date du Traité Élémentaire de Chimie qui va faire grand bruit. La suite de l'histoire de la chimie suédoise, comme nous le verrons, ne pourra se faire sans l'influence du remuant Berzelius qui ne va pas hésiter à bousculer les anciennes théories, à en fonder de nouvelles, et à donner un avis parfois péremptoire sur les travaux de ses collègues.

Faut-il donc voir dans la chimie suédoise les fondations de la chimie moderne ? Assurément, les découvertes de ses chimistes auront contribué grandement au développement de la chimie moderne mais il est à constater qu'à quelques exceptions près, c'est toujours des interprétations inspirées de l'alchimie qui freinent la compréhension véritable des phénomènes…

plus évident pour décrire l'univers qui se résume alors à notre système solaire. Savant exilé de son Église luthérienne, bien décidé à vivre sa religion comme il l'entend avec tolérance et sagacité, Kepler reste libre de sa pensée et traversera sa vie comme les provinces d'Allemagne, avec une certaine errance, allant d'un poste universitaire à un autre pour échapper aux catholiques sans que jamais ses travaux scientifiques ne subissent une sévère remise en cause.

Tout comme Kepler, la religion tient une place importante dans la vie de Newton. Homme dévot, catholique, fervent prosélyte et lecteur attentif des écrits de la Bible, s'il fut initié aux mathématiques, il est aussi passionné d'alchimie et de théologie, domaines qu'il explorera également durant sa carrière de savant. Le monde céleste de Newton sera donc novateur mais en même temps, toujours aux prises avec Dieu qui aura eu le bon goût de mettre un ange derrière chaque orbe céleste pour les faire tourner.

Pourtant si Newton reconnut avoir été inspiré par Kepler et Galilée, il n'en devint pas pour autant le savant rationnel capable de se débarrasser du surnaturel par rapport aux lois naturelles. C'est donc bien une philosophie de la nature que propose Newton et non une science. Après lui, ceux qui vont lui emboîter le pas défendront cette philosophie qui va peu à peu devenir en une science...

Galilée se sera occupé de montrer comment faire. Résolument novateur, doué d'un esprit critique redoutable, Galilée n'est pas contre l'idée de l'existence de Dieu ou contre les Saintes Écritures, ce qu'on va lui reprocher durant son procès. Il montre tout simplement que les interprétations bibliques peuvent être mises en défaut et que l'intuition, le bon sens avant l'expérience même pouvaient permettre de s'en rendre compte.

Le tort de Galilée fut peut-être de vouloir régler ses comptes avec les aristotéliciens amateurs de citations et de bons mots qui florissaient dans les universités sur son passage et péroraient à savoir réciter au lieu de savoir réfléchir. Si Galilée dut rendre les armes et renier ses découvertes, il fabriqua les armes imparables qui allaient permettre par la suite à la philosophie naturelle de devenir la science physique et donc de passer de l'état spéculatif à l'état factuel. En associant l'observation à la mesure et la mesure aux mathématiques, Galilée contribuait à construire la démarche scientifique d'investigation qui allait pouvoir guider bien des scientifiques après lui.

A Pise puis à Padoue, cette démarche appliquée par Galilée mais aussi par celui qui sera son secrétaire et un physicien de premier plan dans le domaine de l'hydrostatique, Evangelista Torricelli, allait montrer son efficacité et l'importance de lier rapidement l'expérience à la théorie mais aussi les mathématiques à la mesure afin de découvrir que la Nature est écrite en langage mathématique et qu'il s'y trouve cachées des lois impérieuses.

Torricelli et Galilée furent les professeur de Vincenzo Viviani (1622 – 1703). Viviani qui allait par la suite être le successeur de Torricelli, travailla dans les domaines des mathématiques et de la physique. Il est devenu célèbre grâce à une expérience de la mesure de la vitesse du son qu'il calcule à 350 m/s (1660). Remarqué pour ses travaux, Viviani sera fait mathématicien à la cour par le Grand Duc de Toscane et poursuivra ses travaux en mathématiques et en physique du solide.

C'est durant ces années que Viviani reçut la visite d'un singulier personnage, ancien professeur de grec à Cambridge et désireux de parfaire ses connaissances dans le domaine des mathématiques, Isaac Barrow (1630 – 1667).

Barrow possède une carrière atypique. Enfant turbulent, élève dissipé, étudiant en langues anciennes, latin, grec, hébreu, c'est principalement dans ces matières qu'il se spécialise, ce qui lui permet de décrocher un poste de professeur à l'université de Cambridge. Professeur vers 1655, il renonce à son poste et part faire un tour d'Europe et s'arrête à Pise où enseigne Viviani. Barrow qui avait déjà approché la logique et les mathématiques durant ses études découvre alors les enseignements du disciple de Galilée et de Torricelli.

Après un voyage jusqu'à Constantinople et Smyrne, une capture par des pirates, Barrow est de retour à Cambridge (1659) où il retrouve un poste pour enseigner le grec (1660). Mais en 1663, avec la création de la chaire lucasienne à Cambridge, Barrow en est élu le premier titulaire et devient professeur de géométrie.

En mathématiques, Barrow a travaillé sur les tangentes mais surtout sur une recherche initiée par James Gregory sur le calcul infinitésimal (1668) consistant à le séparer et à le relier au calcul intégral. Barrow s'occupa donc de travailler dans ce domaine (1664 – 1666) et à partir de 1666, il initia l'un de ses élèves qui allait se révéler brillantissime, le jeune Isaac Newton[37]. Barrow publiera ses travaux en mathématiques et en physique entre 1670 et 1683. Isaac Newton qui va se charger de perfectionner le modèle de Barrow sur le calcul intégral et différentiel qu'il va appeler calcul des fluxions et des fluentes, le fait vers 1669. A la même époque, Leibniz se chargera de faire de même (1670) et d'en disputer par la suite la paternité à Newton.

---

[37] Newton est à Cambridge dès 1661. Barrow le rencontre en 1664, il devient son élève de 1666 à 1669.

Pendant ce temps, Viviani, mort en 1703, laisse une partie de son œuvre à achever. Ce sera un prêtre jésuite, mathématicien qui publiera également sur Galilée et Leibniz qui s'en chargera, Luigi Grandi (1671 – 1742).

Conscient de la puissance mentale de son ancien élève, lorsque celui-ci obtient son diplôme en 1669, Barrow démissionne de la chaire lucasienne[38] afin que Newton puisse prendre sa place. S'il est évident aujourd'hui que Newton va se révéler un chercheur et un scientifique hors pair, son inaptitude à l'enseignement et ses relations difficiles avec autrui ne vont pas au début de sa carrière lui obtenir l'intérêt de ses élèves. Son comportement orageux, taciturne voire renfermé ne facilitera pas non plus ses relations avec ses collègues ce qui fait que la descendance scientifique de Newton se fera avec ou sans l'assentiment de ce géniteur scientifique tout en contradictions.

Newton eut à son époque des scientifiques contemporains célèbres et remarquables, comme Boyle et Hooke, des astronomes comme Flamsteed et Halley mais aussi des physiciens mathématiciens de premier plan comme Huygens et les Bernoulli. Bien qu'il fut professeur, le savoir de Newton passa principalement aux mains de ses « préparateurs et démonstrateurs » à l'université de Cambridge, Roger Cotes et Theophilus Desaguliers. Cotes qui fut son étudiant et l'aida à rédiger la seconde édition des Principia en 1713 représente la figure du fils légitime. A ses côtés, Desaguliers, initié par la bande, promeut les théories du maître avant de le rencontrer mais il fit par la suite partie des « protégés » du maître. Un troisième personnage haut en

---

[38] Outre Barrow et Newton, George Airy, Charles Babbage, George Gabriel Stokes, Joseph Lamor, Paul Dirac ou encore Stephen Hawking occupèrent la chaire lucasienne de Cambridge.

couleurs, le prédicateur Whiston, défenseur de la théorie newtonienne et son successeur à la chaire lucasienne est à ranger parmi ses enfants scientifiques.

Le rapport de Newton à la compétition et à la critique de son travail fut conflictuel et empêcha dans un premier temps sa diffusion et son perfectionnement. Newton travaille seul, réfléchit beaucoup, pose ses théories mathématiques et ne publie ses travaux que tardivement, de préférence après la mort de ses détracteurs si possible. C'est donc vers les collaborateurs acquis à la science newtonienne qu'il faut donc chercher les héritiers directs du grand savant puis vers ceux qui, par l'intermédiaire de ses publications, se sont revendiqués de sa philosophie.

Comme on pourra le découvrir, c'est de la sorte, après la mort du grand génie que Voltaire et Maupertuis découvrent la pensée de Newton en 1727 et 1728. En Hollande, c'est après 1717 et le retour de Gravesande et Musschenbroek que les idées newtoniennes vont être diffusées par ces deux professeurs de mathématiques et d'astronomie. C'est aussi par leur intermédiaire que Voltaire et Emilie du Chatelet surtout furent en contact non seulement avec le travail de Newton mais aussi avec celui de Leibniz. Pour finir avec cette brève introduction qui vient de présenter les personnages de ce chapitre, on notera que Nollet, l'héritier scientifique de Cisternai du Fay et le fondateur de la physique expérimentale usera plus de ses relations avec tous ces grands expérimentateurs pour devenir l'un d'entre eux plus qu'un défenseur de la théorie de Newton. Nollet a ses raisons. Il a assisté aux déferlements à l'Académie des Sciences des « neutoniens » menés par Maupertuis qui mirent tant à mal son ancien maître bien aimé, Réaumur, conservateur et amateur de la philosophie cartésienne. Aussi s'il existe une parenté entre Nollet et les fils de Newton sur le plan de la culture expérimentale, elle se limite à cette appropriation.

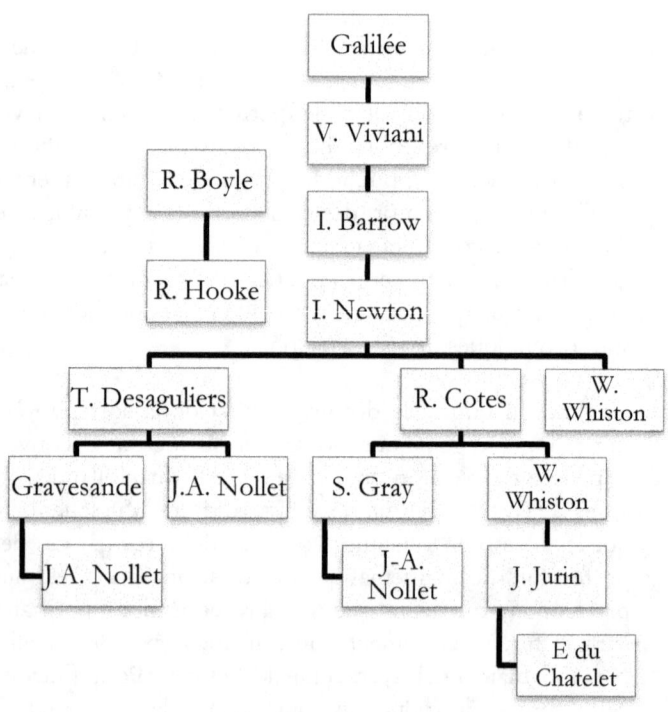

Généalogie scientifique de Galilée et Newton

***

ISAAC NEWTON,
LE PHILOSOPHE ALCHIMISTE
(1643 – 1727)

Orphelin de père l'année de sa naissance, le jeune Isaac Newton est élevé par sa mère jusqu'à l'âge de trois ans, date à laquelle, celle-ci se remarie avec un pasteur, Barnabas Smith, dont la charité n'a d'égal que son cynisme puisqu'il interdit à son épouse d'emménager chez lui avec ses enfants. Newton part donc vivre chez sa grand-mère. Fluet mais obstiné, bagarreur ayant horreur de perdre, le jeune Isaac que n'aime pas trop les autres garçons de son village parce qu'il est bien plus rusé qu'eux, fait déjà montre de ses compétences puisqu'il construit ses premiers modèles réduits de bateau de bois à l'âge de 13 ans.

Elève brillant mais très renfermé, Newton n'a cependant pas de difficultés à trouver après ses études un poste de professeur à la prestigieuse université de Cambridge où ses cours sont difficilement suivis par ses trop rares élèves.

Parallèlement à son enseignement, ses travaux sur la lumière le font remarquer et lui permettent finalement d'entrer à la Royal Society, l'Académie Royale des Sciences anglaise. Inventeur d'un télescope à réflexion (1668) utilisant principalement des miroirs au lieu de lentilles, ce réflecteur possédait l'avantage de diminuer les phénomènes d'irisation et de déformation de l'image sur les bords, comme cela était généralement observé avec les lunettes d'approche à lentille comme celle de Galilée.

Convaincu que la lumière qu'il a réussi à décomposer est constituée de sept couleurs (celles que l'on donne généralement à l'arc-en-ciel), Newton se persuade qu'elle contient de petites particules qu'il appelle « corpuscules ».

C'est en 1704 qu'il produit l'ensemble de ses résultats sur l'étude de la lumière dans Optique. C'est dans cet ouvrage que Newton décrit sa fameuse expérience cruciale de décomposition et recomposition de la lumière. Il explique également ce qu'est la réfraction avec la loi des sinus (inspirée des travaux de Descartes) et définit autant l'idée de spectre (décomposition de la lumière par réfraction) que de rayons lumineux « homogènes » (c'est-à-dire de rayon d'une seule couleur, qui ne se décompose pas après réfraction).

S'il a l'idée de ces expériences dès 1665 – 1666, il rechigne à publier ses résultats tant il n'aime pas l'idée de devoir être critiqué par d'autres : sur la lumière, Hooke, Huygens ou encore Goethe sont sceptiques. Les deux premiers pensent que la lumière est une onde et qu'elle se déplace comme une vague. Goethe, quant à lui, ne croit pas aux couleurs de Newton qui prend ces commentaires plutôt constructifs de son travail comme des attaques personnelles.

Surtout connu pour sa contribution à la détermination des forces gravitationnelles, Newton en a donné une contribution majeurs dans son ouvrage de 1687. L'histoire commence cependant quelques années plus tôt : en 1684, au cours d'une discussion dans un café, Hooke, Wren et Halley cherchent à savoir qui pourrait bien montrer que les trajectoires des planètes décrivent bien des ellipses autour du Soleil, affirmation que l'on trouve dans l'Harmonius Mundi de Kepler.

Formé aux mathématiques grâce à sa lecture autodidacte de la Géométrie de Descartes, Newton est également instruit des travaux de Galilée et de Kepler. Alors qu'il est nommé professeur de mathématiques à Cambridge, l'astronome Halley vient lui demander son avis sur la nature des mouvements célestes dont il pense avec Wren et Hooke, qu'ils sont elliptiques. Newton confirme ce résultat.

En 1692-1693, Newton s'intéresse à l'alchimie et tente d'obtenir la pierre philosophale. Plusieurs explosions surviennent dans son laboratoire dont il tait la nature car ses expériences ne sont pas sans danger, tant pour sa santé que pour sa personne puisque la tentative de transmutation du plomb en or est strictement interdite par la loi.

Durant cette période, Newton cherche donc du côté de la chimie du mercure et du soufre pour réaliser le Grand Œuvre des alchimistes. Il s'intéresse aux métaux également, aux précipitations ou à leur réduction, technique qu'il possède entre autres et grâce auxquelles il a pu obtenir l'argent pour la miroiterie de ses télescopes. Newton qui a déjà élaboré sa théorie corpusculaire de la lumière peut également l'appliquer à la physique des gaz ou à la chimie des réactions. Il pense d'ailleurs que les arborescences métalliques que l'on peut obtenir, telles qu'elles sont par exemples décrites par Athanasius Kircher, sont vivantes, preuve du bienfondé de la théorie animiste[39].

En 1692, Newton interrompt ses cours de mathématiques à Cambridge et disparaît durant quelques temps. Ses amis s'en inquiètent. Les différentes explosions qui eurent lieu dans son laboratoire, en plus des substances dangereuses qu'il a respirées, ont altéré son esprit et son caractère. Si par la suite Newton s'occupe encore de chimie, ce sera sous une forme bien singulière et bien plus rémunératrice que de poursuivre une chimère alchimique inatteignable.

Newton devient-il à cette époque un scientifique à buts lucratifs ? En 1696, il obtient la place de directeur à la Monnaie Royale à la tour de Londres dont il gère l'émission de billets et de pièces pour le royaume. Quelques années plus tard, il réussit à obtenir un poste plus rémunérateur, celui d'intendant et inspecteur à la Monnaie (1699). Cette place est aussi plus dangereuse puisqu'elle nécessite de traquer les faussaires et les faux-monnayeurs jusqu'à les mener à la potence. Newton se crée alors un véritable réseau d'informateurs dans les bas quartiers et les prisons et réussit plusieurs prises importantes…

Le savoir de Newton, du temps de son vivant puis lentement après sa mort, va se répandre en Europe, créer l'incompréhension, l'interrogation avant de s'imposer comme une évidence, une fois défait de ses erreurs et de ses suppositions hasardeuses.

---

[39] Athanasius Kircher (1601 – 1680) est un encyclopédiste et scientifique allemand qui fut notamment professeur à Rome. Il travailla tant la lumière, l'optique, la médecine, l'acoustique, que les langues dont le chinois et l'écriture hiéroglyphique. Dans son ouvrage Iter Extaticum, il évoque les arborescences que l'on appelle aujourd'hui arbres alchimiques ou jardins métalliques…

Oserait-on dire qu'une partie de la réussite et du succès de Newton, si elle se fait de son vivant, n'est pas uniquement de son fait ? Newton jette des bases remarquables de différentes théories scientifiques sur la lumière, la mécanique, la chimie qui vont surtout rencontrer un public, tout scientifique celui-ci qui va s'y attacher et s'efforcer d'en assurer la promotion, l'amélioration et parfois de manière bien plus efficace que l'auteur lui-même.

Descartes, l'une des idoles de Newton vit ses théories être accueillies de la même manière et c'est en philosophe, plus qu'en mathématicien et physicien qu'on le supporta alors.

Avec Cotes et Desaguliers, sous une forme inattendue, celle de la démonstration scientifique (presque spectaculaire voire vulgaire !), ces deux scientifiques débutèrent la campagne de faire reconnaitre le génie du grand savant, une contribution à la postérité de Newton que poursuivirent après eux, bien des héritiers que nous allons par la suite rencontrer…

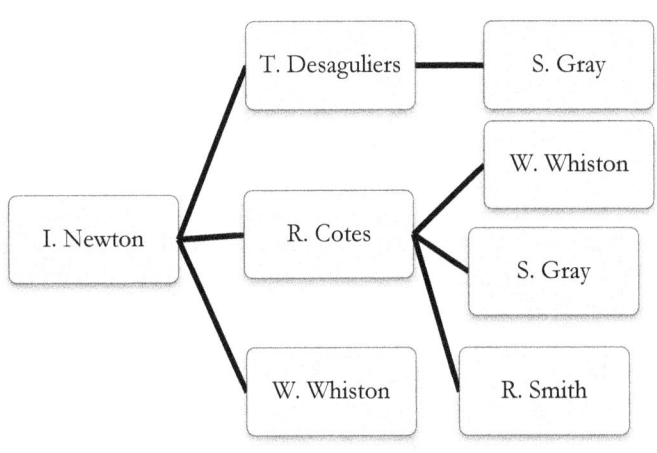

Généalogie scientifique de Newton (1643 – 1727)

ROGER COTES
(1682 – 1716)

Cotes entra au Trinity College de Cambridge en 1669 et y poursuivit ses études jusqu'en 1706. On ne peut trouver meilleur héritier de Newton que Cotes. Tout d'abord parce qu'il fut son élève et ensuite parce qu'à partir de 1709 et jusqu'en 1713, il fut chargé de la rédaction de la seconde édition des Principia de Newton, la première édition datant de 1687.

Le travail de Cotes aux côtés de Newton permit de trouver dans cette deuxième édition une partie des théories mathématiques et physiques de Newton qui n'était pas présente dans le premier ouvrage. Les lois du mouvement qui furent initialement deux dans les Principia de 1687 et cinq dans le De motu corporum in gyrum, le manuscrit envoyé à Edmund Halley par Newton en 1684, sont donc officiellement trois dans la seconde édition.

La seconde édition des Principia s'écoula à 750 exemplaires, ce qui resta encore quelque peu confidentiel. On comprend pourquoi, dès lors que l'on voulu connaître la pensée de Newton, il fut soit nécessaire d'entrer en contact avec lui soit de suivre l'enseignement de ses disciples.

L'activité de Cotes ne se borna pas à s'occuper de la physique de Newton. Nommé titulaire de la chaire de professeur plumien d'astronomie et de philosophie expérimentale (crée par thomas Plume en 1707 et dont il fut le premier titulaire), cette chaire représentait bien à la fois la volonté de développer la science astronomique anglaise et d'autre part la physique expérimentale peu ou pas enseignée en Angleterre jusqu'alors.

Grâce à ce poste, Cotes put non seulement enseigner la

science expérimentale mais aussi développer un projet de construction d'un observatoire à Cambridge. Celui-ci resta inachevé du temps des efforts de Cotes pour le voir exister et il fut finalement démoli en 1797.

Entre temps, Cotes se chargea, tout comme Desaguliers, de monter une école et d'y enseigner la physique démonstrative qui faisait tant défaut en France (voir chapitre I). C'est à l'observatoire de Cambridge que Cotes fit la connaissance de Stephen Gray avant que celui-ci ne parte pour Londres et ne rejoigne l'étrange auberge scientifique de Desaguliers.

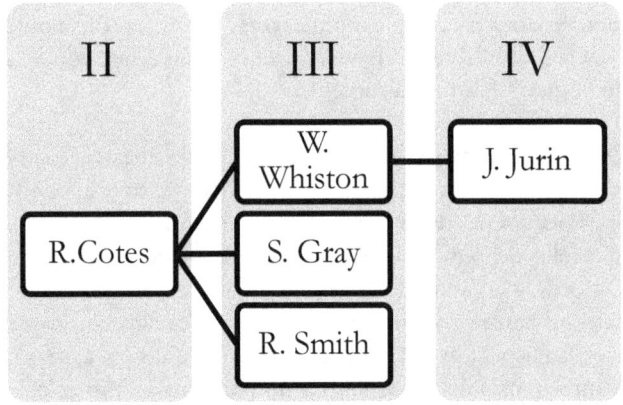

Généalogie scientifique de Roger Cotes (1682 – 1716)

Desaguliers et Cotes sont les deux héritiers directs de la physique de Newton et les fondateurs de la physique expérimentale anglaise. A la suite de Cotes, c'est son ancien élève Robert Smith qui tiendra la chaire de professeur plumien de Cambridge, une chaire de physique expérimentale…

JOHN THEOPHILUS DESAGULIERS
(1683 – 1744)

C'est à La Rochelle, là où il s'est réfugié avec son épouse pour échapper aux persécutions religieuses, que naît le fils du pasteur protestant Jean Désaguliers qui, en 1683, part pour Guernesey avec sa petite famille où il sera fait pasteur. Parti pour Londres en 1694 où il va faire ses études voilà comment Jean Théophile, fils de Jean, va devenir John Theophilus Desaguliers et obtenir son diplôme de bachelier (1709). Desaguliers qui poursuit ses études à Oxford suit également les cours de John Keill (1671 – 1721), mathématicien et astronome versé dans la physique de Newton dont il tente de vulgariser la compréhension à l'aide de démonstrations élégantes[40].

Desaguliers qui obtient son diplôme de master en 1712, poursuivra durant cette période les démonstrations de Keill et s'occupera de propager à son tour la philosophie naturelle de Newton. Après l'obtention de son diplôme à Oxford, Desaguliers revient à Londres et poursuit ses démonstrations scientifiques à destination du grand public avec un aspect expérimental qui les rendent plus accessibles. L'autre particularité de ses démonstrations, c'est qu'elles se font en latin, anglais ou en français selon l'auditoire.

La réputation de Desaguliers dépassant les murs de la maison où il fait ses démonstrations, il est appelé par

---

[40] John Keill fut initié aux mathématiques par David Gregory (1659 – 1708), le neveu de James Gregory qui travailla notamment sur le calcul infinitésimal avant Barrow et Newton. Newton joua un rôle pour que Keill obtienne la chaire de professeur savilien. Il faut dire que Keill fut un ardent défenseur des théories de Newton et un accusateur zélé de Leibniz qu'il qualifia de plagiaire de Newton…

Newton lui-même à devenir démonstrateur à la Royal Society en 1714, auprès du duc de Chandos qui en fait son chapelain (1716) mais il se rendra aussi à la cour du roi pour y faire une leçon en 1717. C'était à présent à Desagulier de trouver un assistant pour l'aider dans ses démonstrations scientifiques. Après avoir rencontré le jeune Stephen Gray (1666 – 1736), qui vient de quitter l'observatoire de Cambridge, il décide de le prendre sous son aile et de lui offrir le gîte en échange de ses services.

Desaguliers possède à l'époque une auberge pour gentilshommes où l'on peut y discuter de science et où Gray officiera en tant qu'orateur. Cependant, à la suite de la destruction de cette demeure, Gray devra être logé ailleurs, ce dont se chargera son vieil ami Flamsteed. De son côté, Desaguliers sera obligé de déménager à Westminster avant d'avoir été un temps logé chez le duc de Chandos (1717 – 1718).

Il s'avéra par la suite que les vues importantes en science de Desaguliers ne semblaient convenir à celui qui l'avait recruté. Le duc qui lui confia le pastorat de sa chapelle et qui profita aussi de ses compétences scientifiques pour mettre en fonctionnement des fontaines dans ses jardins et élaborer un système de pompage d'eau par machine à vapeur (la renommée dans le domaine emmènera Desaguliers jusqu'en Russie) se décida à le congédier.

En 1730, Stephen Gray communique les résultats de ses expériences sur la conduction électrique à Desaguliers qui écrira plus tard un ouvrage sur le sujet (1742). Newton n'est alors plus président de la Royal Society et son successeur, Hans Sloane, participera à l'épanouissement scientifique de la carrière de Gray.

En 1734, Desaguliers reçoit la visite de l'abbé Nollet. Les expériences scientifiques de Desaguliers vont conforter Nollet sur l'importance de cette physique expérimentale.

Deux ans plus tard, Nollet reviendra pour rencontrer cette fois Gay, alors fait membre de la Royal Society. Ses expériences sur l'électricité vont grandement inspirer celui qui dès 1735 va publier son premier cours de physique expérimentale à Paris.

Nollet, comme nous l'avons déjà vu, poursuivit par la suite son tour d'Europe des grands expérimentateurs scientifiques et va notamment rencontrer deux autres héritiers de Newton et de Desaguliers, Gravesande et Musschenbroek.

De son côté, Desaguliers poursuivra sa carrière avant d'être abattu par une fièvre et une goutte récurrente qui l'affaiblissant d'hivers en hivers, l'accompagnèrent jusqu'à la fin de sa carrière où il finit sans grande fortune mais non plus sans être démuni.

***

Généalogie scientifique de Desaguliers (1683 – 1744)

WILLIAM WHISTON
(1667 – 1752)

Le successeur testamentaire de Newton à la chaire lucasienne de Cambridge se nomme William Whiston. Whiston est un théologien de bonne famille qui reçut une éducation privée avant d'étudier les mathématiques et de devenir pasteur. Son premier ouvrage qui explique la création de l'univers en parfait accord avec la Bible (1696) s'appuie sur les travaux d'un autre homme à la fois dévot et mathématicien, Isaac Newton à qui il dédie son ouvrage.

Newton, fervent catholique qui a mis un ange derrière chaque planète pour les faire tourner et qui est persuadé que Dieu n'a besoin ni du Christ ni du Saint Esprit pour être le fondateur de l'univers, s'empresse de le féliciter. « Promu » vicaire en 1698, il démissionne en 1701, appelé à Cambridge pour remplacer Newton à la chaire lucasienne qu'il occupe. Tout d'abord son assistant (1701), Newton qui va prendre de nouvelles fonctions à la tête de la Royal Society, intronise donc Whiston comme son digne successeur.

Whiston va alors s'occuper de physique expérimentale et travailler dans le domaine à son développement avec l'un de ses collègues et ancien élève de Newton, Roger Cotes. Leurs travaux aboutiront en 1706 à la création d'une chaire d'astronomie et de physique expérimentale, supportée par Thomas Plume, la chaire de professeur plumien de Cambridge.

Les cours qu'ils mènent alors conjointement vont connaître un succès honorable et être suivis par de nombreux étudiants dont Stephen Hales[41].

En tant qu'homme d'église, de religion et en tant qu'historien, Whiston publiait et professait à la fois les mathématiques anciennes et ses théories « originales » sur la Bible et la chrétienté. Si l'irrationnel (sa croyance dans les miracles et les prophéties par exemple) et le rationnel (ses travaux en mathématiques) se côtoyaient chez lui, ils manifestaient cependant un grand éclectisme et l'idée selon laquelle, Whiston accordait finalement autant d'importance à ces deux philosophies qu'il pratiquait avec une grande acuité. Entre 1714 et 1717, période à laquelle il donne non seulement des cours et des démonstrations scientifiques avec Hauksbee, Whiston travaille également pour mettre sur pied une méthode de détermination de la longitude en mer.

Ce vieux problème de la détermination de la position en mer par rapport à la terre était toujours sans solution. Il

---

[41] On doit à Hales un ouvrage important à propos des plantes et de leur respiration, Vegetable Statics. C'est également dans cet ouvrage qu'Hales explique comment réussir une récupération d'un gaz sur cuve à eau à partir d'un feu. Ce procédé sera par la suite amélioré tant dans la manière de concentrer les émanations gazeuses que dans celle de contenir ce gaz sans qu'il ne risque de se dissoudre dans l'eau, en travaillant principalement avec du mercure (Black, Lavoisier).

fallait pour pouvoir se situer longitudinalement en mer, emporter une montre marine de haute précision et rebattre la mesure de la seconde en fonction de la longueur d'un pendule, puis comparer ce battement à sa position actuelle par rapport à sa position au port. Les marins savaient déjà que la mesure de ce battement dépendait de leur position et que celle-ci variant, il était difficile de savoir où l'on était précisément sans se repérer par rapport au soleil le jour ou aux étoiles la nuit. Le compas ou la boussole permettaient de fixer sa direction mais en aucun cas de savoir si l'on avait dérivé par rapport à son cap. Ce qui provoquait par exemple des dérives importantes des navires et des retards dans les approvisionnements, des décalages de cap voire des naufrages.

Whiston travailla donc pour que fut mis sur pied une organisation chargée de produire un appel à concours pour déterminer cette méthode. C'est ainsi que naquit le Bureau des Longitudes anglais (1715) bien avant celui que contribuerait à ériger en France l'abbé Grégoire en 1795. Whiston tenta de trouver par la suite la méthode qui le rendrait riche (20 000 £ à la clé) mais n'y parvint pas.

Bien qu'il fut un partisan du retour des comètes comme Edmund Halley, Whiston y voyait plus un présage et la manifestation d'un signe prophétique plutôt que d'une découverte scientifique. Sa réputation ambigüe lui ferma les portes de la Royal Society et commença à l'éloigner de Newton avec qui il devint de plus en plus distant.

***

JAMES JURIN
(1684 – 1750)

James Jurin est le fils d'un teinturier qui étudia à Christ's Hospital avant d'obtenir une bourse sur concours qui va lui permettre d'intégrer le Trinity College de Cambridge. Jurin possède alors l'occasion de pouvoir étudier avec Whiston et Cotes qui défendent et propagent non seulement les concepts scientifiques de Newton mais se sont aussi lancés dans l'idée d'illustrer cette physique pas toujours évidente par l'intermédiaire de l'expérience.

Après un voyage d'études à Leyde qui va lui permettre de découvrir les mathématiques et la physique dispensées dans les cours d'Hermann Boerhaave (1668 – 1738), James Jurin obtient un master (1709) et devient professeur au Trinity College.

Convaincu par l'enseignement physico-mathématique qu'il a découvert chez ses différents maîtres « newtoniens », Jurin prend lui aussi parti pour Newton et soutient ses théories qu'il va lui aussi propager et tenter d'expliquer avec la plus grande clarté. Cette activité n'est pas la seule qui va solliciter son attention.

Jurin s'occupe également de parfaire ses connaissances en médecine et d'obtenir un diplôme en 1716 qui lui permet de pratiquer à Londres. L'année suivante, il devient membre de la Royal Society (1717) et découvre le phénomène de capillarité dans un tube, une loi qui porte aujourd'hui son nom, la loi de Jurin.

La loi de Jurin indique que dans un tube de rayon r, de masse volumique ρ et de tension superficielle g, alors la hauteur maximale du liquide est de h en tenant compte de l'angle de contact θ dans le tube entre le liquide et la paroi et de g, la pesanteur :

$$h = \frac{2.\gamma.\cos(\theta)}{r.\rho.g}$$

Ce qui est intéressant dans la découverte de Jurin c'est que ces phénomènes de capillarité intéresse tout particulièrement le médecin plus que le physicien qui s'interroge sur le déplacement du sang dans les veines et les vaisseaux les plus petits.

Devenu médecin et praticien, Jurin n'en délaisse pas pour autant sa cause pour la défense de la physique newtonienne. Devenu secrétaire de la Royal Society à partir de 1721, il aura l'insigne honneur de rencontrer (enfin) celui dont il défend ainsi les thèses, notamment contre les atteintes de Leibniz sur sa critique de la force vive et qu'il propage auprès de ses partisans français, Voltaire et Emilie du Chatelet notamment.

Voltaire qui fut à Londres aux obsèques de Newton en 1727, était devenu newtonien presque sur le champ. Lorsqu'il croise durant cet exil Maupertuis en 1728, celui-ci, après avoir étudié les mathématiques newtoniennes sera à son tour convaincu de la justesse des travaux de Newton et deviendra le chef de file des défenseurs de ses théories à Paris à l'Académie des Sciences. Jurin ne put donc trouver meilleurs ambassadeur à Paris que Maupertuis, Voltaire puis dans leur sillage, Celsius, Clairaut, La Condamine ou encore le comte de Buffon.

Ces mousquetaires de la physique de Newton allaient d'ailleurs réussir d'incroyables prouesses. En décidant l'académie à revoir ses positions cartésiennes, en remettant en question les travaux de certains de ses membres les plus illustres et en convainquant le roi de lancer de nouvelles mesures de la rotondité de la Terre, ils permettront de jeter un doute raisonnable sur certaines théories et de voir dans les idées de Newton des propositions sérieuses permettant de faire avancer la science en astronomie, en mathématiques et en mécanique.

En 1735, deux expéditions sont lancées, dont l'une, menée avec maestria par Maupertuis qui reviendra dès l'année 1736 avec d'accablantes preuves de l'aplatissement de la planète aux pôles. Maupertuis publie sur le sujet et un peu plus tard, c'est une de ses anciennes élèves, Emilie du Châtelet qui défend à son tour la cause de Newton en traduisant le texte des Principia mais également en s'essayant à en faire un commentaire éclairé à même d'en discuter certains points qui lui semblent erronés[42] !

Si Emilie du Châtelet possèdera cette volonté de propager la science de la vérité, Jurin resta viscéralement fidèle à Newton. Il eut toutefois un autre cheval de bataille qu'il partagea avec La Condamine puisqu'en tant que médecin, Jurin défendit la vaccination antivariolique et s'intéressa également à cette branche de la chimie qui allie médecine et traitement médicamenteux, l'iatrochimie, science très à la mode également en Allemagne et en Suède.

Grand médecin, membre de la Royal Society et du Collège Royal de Médecine, il meurt en 1750, défenseur jusqu'au bout de ses convictions de médecin, de mathématicien et d'iatrochimiste, un héritier bien proche et fidèle aux idées de Newton.

***

---

[42] Le texte est préfacé par Voltaire et les calculs vérifiés par le prodige en mathématiques de l'Académie qui fit route pour la Laponie avec Maupertuis, Alexis Clairaut.

JAKOB WILHELM S'GRAVESANDE
(1688 – 1742)

Les héritiers scientifiques de Newton aux Pays-Bas se nomment Gravesande et Musschenbroek.

Wilhelm s'Gravesande fit ses études à Leyde où il se destina tout d'abord à une carrière de juriste. Devenu docteur en la matière (1707) et membre de la profession, cet ancien élève de l'éclectique professeur Boerhaave (dont il fut l'un de ses assistants en physique), fut de la délégation hollandaise qui se rendit à Londres en 1715.

Accueilli à la cour du roi et à la Royal Society, Gravesande rencontre alors Newton et Desaguliers qui l'initie à la physique expérimentale. A son retour en 1717, Gravesande qui fut intronisé à la Royal Society devient professeur de mathématiques et d'astronomie à Leyde où il va promouvoir tant la philosophie de Newton que la physique expérimentale.
 Il est non seulement l'auteur d'une adaptation des principes de Newton appliqué à l'expérience mais c'est également un expérimentateur remarquable dont les expériences éloquentes servaient à illustrer dans ses cours tant les théories de Newton que celles de Descartes, de Galilée ou de Leibniz

Plusieurs appareils de démonstration scientifique portent encore aujourd'hui son nom comme l'anneau de s'Gravesande qui permet de montrer la dilatation des métaux. Ce dispositif simple et éloquent se constitue d'une sphère capable à température ambiante de passer dans un anneau identique à son diamètre. Sous l'influence d'une flamme, la boule est chauffée puis déposée sur l'anneau au travers duquel il lui est à présent impossible de rentrer.

Sur la mise en évidence du mouvement du centre d'inertie, Gravesande avait mis au point une expérience assez spectaculaire afin de montrer le mouvement de chute de ce point particulier d'un solide. Cette expérience permettait de faire écho aux résultats parfois incompris des expériences de Galilée sur la chute des objets sur un plan incliné.

Galilée, tout comme Torricelli en étaient arrivés à la conclusion que la chute d'un corps dépendait de la hauteur de celui-ci en fonction du carré de sa vitesse selon une formule à présent bien connue, que ce soit pour la chute d'un corps ou la vitesse d'écoulement d'un fluide tombant d'une hauteur h dans un champ de pesanteur de valeur g :

$$v^2 = 2.g.h$$

Pour Galilée, il est aussi admis que le centre d'inertie de l'objet, facilement assimilable à celui-ci lorsque l'objet est ponctuel, possède une trajectoire rectiligne et uniforme et qu'il ne peut que descendre. A l'aide d'un cône à double révolution, sur une rampe descendante, Gravesande peut donner l'illusion d'un cône en train de monter alors que son centre de gravité est bien en train de descendre.

La démonstration à laquelle assistera Nollet lors de son tour d'Europe le convaincra de la présenter à la cour et à l'intégrer à ses manipulations spectaculaires. On trouvera ainsi un cône de Nollet dans les Leçons de physique expérimentales qu'il publie en 1735.

La plupart des résultats d'expériences de Gravesande sont publiés en 1720. Parmi ses lecteurs et ses auditeurs, Voltaire et Emilie du Châtelet qui seraient à même de trouver chez ce grand physicien les démonstrations propres à illustrer et conforter leurs sentiments de grande justesse de la physique de Newton. Comme on le sait déjà, si Voltaire put s'abreuver sans retenue à cette source comme à tant d'autres qui lui permirent de confondre Descartes et l'Académie des Sciences, dans le sillon du remuant Maupertuis, ce fut pour Emilie du Châtelet l'occasion de préparer à son tour non seulement sa discussion sur les principes de Newton mais d'aller vers la controverse opposant celui-ci à Leibniz et de contribuer à séparer les concepts confusément liés à l'époque de force, énergie et quantité de mouvement.

Jusqu'à la fin de sa vie, Gravesande continuera à publier dans le domaine des mathématiques et de la physique pour illustrer la philosophie de Newton. A Saint-Pétersbourg tout comme à Berlin, il est invité à devenir membre de leur académie mais Gravesande se voulut fidèle à son université de Leyde. Traduit à Londres par Desaguliers et en France par Nollet, Gravesande fait partie des grandes figures de la physique newtonienne qu'il contribua à faire connaître...

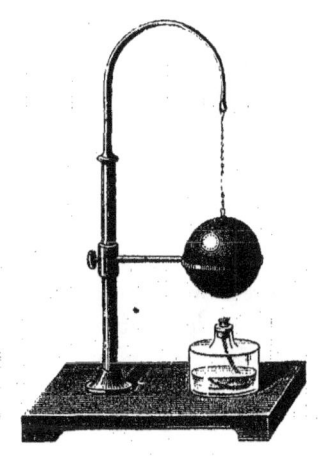

PIETER VAN MUSSCHENBROEK
(1692 – 1761)

Musschenbroek et Gravesande représentent deux grandes figures de la physique expérimentale hollandaise, née en partie de leur initiation à la physique expérimentale anglaise par Desaguliers. Si la carrière de Gravesande, ancien juriste ne semblait pas avoir de lien au départ avec les sciences physiques, ce ne fut pas le cas de Pieter van Musschenbroek qui fut dès son plus jeune âge plongé dans le monde des instruments scientifiques. Le fils de la noble famille des van Musschenbroek, installés à Leyde depuis une centaine d'années, Pieter est le descendant de Johannes, facteur d'instruments qui fabrique aussi bien des pompes à vide, des microscopes que des télescopes. Pieter débute cependant ses études en faisant ses humanités (1708) avant de s'instruire en physique et en médecine auprès du professeur Boerhaave auprès duquel il obtient son doctorat en 1715. C'est cette année qu'il part pour Londres, avec Gravesande et rencontre Newton et Desaguliers avant de rentrer en Hollande et d'obtenir un poste de professeur de mathématiques à l'université de Duisbourg. Devenu professeur de médecine puis d'astrologie, il revient à Leyde en 1740.

Musschenbroek s'intéressa à la physique des matériaux et aux résistances des métaux mais aussi à la résistance des essences de bois sur lesquels il réalisa des mesures de torsion et de compression. Parmi les autres sujets auxquels il s'intéressa, on trouve les frottements, les cordages pour les voiles, des travaux qui vont grandement intéresser Charles Augustin de Coulomb et influencer de ce fait une partie de ses publications.

Après avoir publié en 1726 un ouvrage sur la physique se faisant le promoteur de Newton, grâce à sa position à

Leyde, Musschenbroek se lance dans des recherches en électrostatique et met au point un dispositif de stockage de charges électriques à l'aide d'une jarre remplie d'eau et d'une barre de cuivre. La publication de cette découverte fut envoyée à l'Académie des Sciences auprès de Réaumur en 1746 et Nollet en fut le traducteur du texte latin qui inscrivit au panthéon des expériences historiques la confection par Musschenbroek de la fameuse bouteille de Leyde.

On sait à présent quel usage Nollet fit de cette découverte lors de ses démonstrations scientifiques, notamment à la cour de Versailles quelques mois plus tard (la lettre de Réaumur date de janvier, la démonstration de Nollet dans la galerie des glaces du mois de mars).

Coulomb quant à lui, en travaillant sur les frottements solides, les résistances des cordages durant ses obligations militaires, rédigea plusieurs mémoires scientifiques qui lui ouvrirent les portes de l'Académie Royale des Sciences[43].

Avec la balance de torsion qui permit de mettre en évidence les forces et les charges électrostatiques, Coulomb est en quelque sorte l'un des continuateurs et descendant scientifique de Musschenbroek...

***

---

[43] Coulomb fut tout d'abord élu membre correspondant de l'abbé Bossut (1774), qui travailla aussi sur l'œuvre scientifique de Musschenbroek. Ce n'est qu'en 1795, alors que l'Académie des Sciences est rouverte sous le nom d'Institut qu'il accède à un poste de titulaire.

LA TRANSMISSION SCIENTIFIQUE
DE LEYDE À LONDRES

Hermann Boerhaave (1668 – 1738)

Pour terminer cette dynastie scientifique des fils de Newton, nous allons nous intéresser à l'influence de deux savants en particulier, Gravesande d'une part et Hermann Boerhaave dont nous avons déjà parlé d'autre part. Comme cela a été souligné ci-dessus, Gravesande et Musschenbroek vont revenir de leur voyage à Londres avec une nouvelle philosophie. A présent, pour l'étude et la compréhension des phénomènes naturels, en plus des travaux de Galilée, de Kepler et Huygens, il sera possible de compter avec la philosophie de Newton.

A l'université de Leyde et en Hollande, c'est encore la pensée cartésienne qui connait un grand succès et dont on débat depuis la mort de Descartes. Ceux-ci sont d'ailleurs parfois animés et les défenseurs du cartésianisme qui s'occupent également de théologie n'y vont pas par quatre chemins : correspondances houleuses, déclarations et conférences publiques, usage de leurs postes universitaires pour promouvoir leurs théories, la pensée de Descartes est vécue par ses supporters les plus absolus comme une religion dont on peut se faire exclure s'il devient estimé que l'on s'en dévie un peu trop !

Par l'intermédiaire de Gravesande, la descendance scientifique de Newton et celle de Boerhaave ont ainsi en sa personne un descendant commun.

Si Hermann Boerhaave est connu pour être un médecin et un universitaire avant tout, il eut durant sa longue carrière plusieurs étudiants qui à la suite de leurs travaux de recherche à ses côtés, firent carrière soit dans la chimie soit dans la médecine, l'un n'allant pas sans l'autre à l'époque où l'étude de la médecine montre ses interactions avec les apothicaires, les droguistes, les pharmaciens et par conséquent avec certaines branches de chimistes spécialisés. Indiquons que c'est encore l'époque où il existe une véritable profession de médecin-chimiste, que l'on appelle encore l'iatrochimiste et qui représente un stade d'évolution entre le médecin et l'alchimiste qui pouvaient être autrefois la même personne.

Boerhaave est le fondateur de la science clinique moderne. Parmi ses élèves, Andrew Plummer viendra d'Angleterre pour suivre ses cours et repartira à Edimbourg avant de devenir médecin et d'élaborer une nouvelle thèse chimique des affinités. Après lui, William Cullen qui sera son élève deviendra à son tour médecin mais également chimiste et physicien. Avec son élève Joseph Black, ils vont contribuer à la fondation de la chimie anglaise aux alentours de 1750.

La descendance anglaise de Boerhaave ne se limite pas là. Signalons également qu'il sera le professeur de John Rutherford qui, devenu professeur à son tour à Edimbourg, sera le mentor de Thomas Young, l'un des plus brillants physiciens, médecins et linguistes encore bien connu aujourd'hui (dont le profil n'est pas sans rappeler celui de Boerhaave qui étudia lui aussi l'hébreu, le grec, la médecine et l'histoire des mathématiques).

Boerhaave essaima sa descendance scientifique dans de nombreuses universités : à Leyde, à Berlin, à Göttingen, à Vienne, à Utrecht, à Edimbourg, à Leipzig, à Wurtzburg…

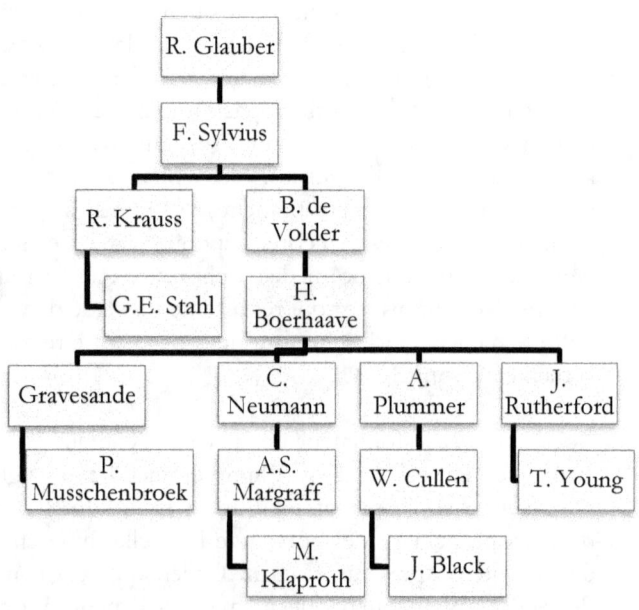

Généalogie scientifique de Glauber et Boerhaave

Il est à noter que pour certains de ses étudiants, ceux-ci ne vinrent à son contact que parfaire leurs connaissances et pas forcément gagner une philosophie, possédant déjà leurs propres vues sur la question…

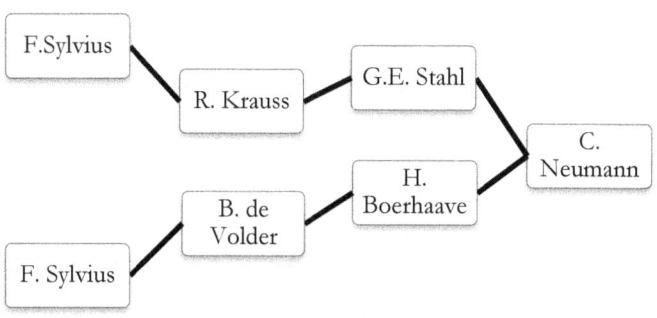

Ascendance scientifique de
Caspar Neumann (1683 – 1737)

L'éclectique Neumann était à la fois théologien et apothicaire de formation. Il impressionna tant Newton et Edmund Halley par ses travaux (un mélange de religion et de science) qu'il fut attendu à la Royal Society avec impatience. De retour à Berlin, il devient grand apothicaire (pharmacien à la cour en 1719), membre de l'Académie Royale et professeur au Collegium où il se mit à enseigner et diffuser la théorie du phlogistique. Sur le chemin de son apprentissage, Neumann fut l'élève de Boerhaave et de Stahl et diffusa par la suite le savoir digéré qu'il fit de l'enseignement de ces deux maîtres…

***

IV : LES CHIMISTES D'OUTRE-RHIN

INTRODUCTION

De par son histoire et ses multiples fragmentations seigneuriales, royaumes, seigneuries, électorats et provinces, l'Allemagne qui prend ses origines géopolitiques dans l'empire austro-hongrois et la Prusse, va posséder dès le début du XVIIIe siècles plusieurs universités d'importance dans de grandes villes où vont se développer outre les arts, les sciences avec d'autant plus d'acuité que l'empereur Frédéric II souhaite lui aussi, à l'instar de Louis XV et de Catherine de Russie, posséder une université et une académie d'importance.

En Allemagne comme en France, les chimistes sont nés de la fusion de l'enseignement de la médecine, de la pharmacologie et de la minéralogie, sciences qui existent déjà depuis l'Antiquité. Ce seront donc des pharmaciens, des apothicaires, des minéralogistes qui vont devenir ou former de par leurs méthodes les premiers chimistes. Avec Berlin, Heidelberg, Göttingen, Giessen, Bonn, le nombre d'universités de renom et de leurs chaires de chimie vont rapidement faire de l'Allemagne une concurrente sérieuse à la France dans le domaine.

Cette diversité va permettre à plusieurs chimistes de contribuer à la fondation de la chimie allemande. S'il fallait trouver un ancêtre à cette grande famille de noms illustres qui vont briller au XVIIIe siècle, c'est vraisemblablement du côté de Johan Rudolf Glauber (1604 – 1670) qu'il faille chercher une notable paternité.

Glauber fit peu d'études et apprit par l'apprentissage, ce qui ne l'empêcha pas de devenir maître apothicaire. On lui doit la première synthèse de l'acide chlorhydrique à partir du sel de cuisine et d'acide sulfurique, les fondations du génie chimique, la fabrication de différents sels dont celui qui porte son nom, le sulfate de sodium (appelé sel de Glauber). C'est également lui qui mit en évidence les jardins chimiques que l'on appelle encore les arbres métalliques et ce dès 1646. Ces édifices particuliers de la chimie représentent avant l'heure une expérience de mise en évidence d'une réaction d'oxydoréduction entre un sel métallique et un métal. L'expérience consiste à plonger le métal (que l'on peut utiliser en tournure ou en spirale) dans une solution d'un sel dissous d'un autre métal. Un des arbres alchimiques les plus connus et facile à réaliser fait intervenir une solution de nitrate d'argent et un tortillon de cuivre.

Arbores metallicas, efflorescentias quæ in nullis non rum ductibus erumpunt, bilius videre licet ; Videas arbuscularum cryftallinarum , rallinarum quas virides, ceas alias , coloribus quæ per mos quofdam dos expanduntur modi nos in ftro oftendere Fiuntq;ex mer falinorumque radiatione , lium corpufcula corpufculis,

Mundus Subterraneus, d'Athanasius Kircher

Hérités de la dénomination alchimique, ces arbres portent le nom du dieu romain associé au métal qui apparaît lors de la réaction. Ainsi l'arbre de Diane consiste en l'apparition d'argent métallique, un arbre de Saturne en celle de plomb et l'arbre de Mars, plus difficile à réaliser (La Condamine et Kircher travaillèrent notamment sur la question), fait apparaître des dendrites de fer en solution.

$$Cu(s) + 2\,Ag^+ = Cu^{2+}(aq) + 2\,Ag(s)$$

Au cours de la réaction, l'argent ionique réagit avec le cuivre solide et provoque la formation d'argent solide. Celui-ci s'agrège sous forme d'aiguilles à la surface du cuivre sur lequel il se dépose lentement.

Glauber montra également que ce qu'on appelait la potasse (K_2CO_3) n'avait pas la même composition chimique que la soude (Na_2CO_3).

La réaction avec laquelle Glauber obtenait le sel qui porte son nom permettait également de préparer de l'acide chlorhydrique. Glauber préconisait l'usage de ce sel en médecine.

$$H_2SO_4 + 2\,NaCl = 2\,HCl + Na_2SO_4$$

Le savoir chimique de Glauber était donc étendu. Apprenti pharmacien et apothicaire « itinérant », Glauber voyagea beaucoup et eut dans plusieurs villes d'Europe de nombreux élèves. C'est à Vienne, Giessen, Bâle, Paris ou encore Amsterdam que l'on put le croiser et que certains profitèrent de son savoir et de son enseignement. Deux étudiants en particulier doivent retenir notre attention, eux qui furent l'un, parent d'une généalogie scientifique à part entière, Franciscus Sylvius (1614 – 1672) et l'autre, professeur au Jardin du roi de sa majesté Louis XIV, Nicaise Le Febvre (1610 – 1669).

Notons également que la filiation des élèves de Glauber nous amène à Georg Stahl, le père de la théorie du phlogistique et enfin, à l'un des premiers chimistes modernes que nous allons rencontrer, Andreas Margraff.

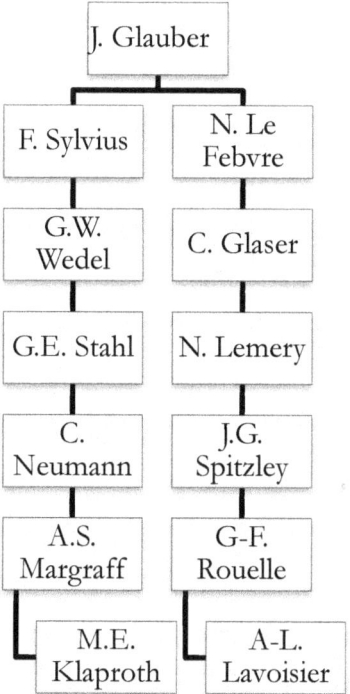

Généalogie de Johann Rudolph Glauber (1604 – 1670)

Glauber se retrouve être en partie le père de la chimie allemande et de la chimie française. Nicaise Le Febvre qui enseigna au Jardin du Roy se reconnut de l'influence de Glauber, Van Helmont et Paracelse. Il prônait une chimie nouvelle et considérait l'alchimie comme un art de faussaire. Auteur d'un Traité de Chymie (1660), devenu célèbre, il est appelé à Londres pour y devenir pharmacien à la demande de Charles II…

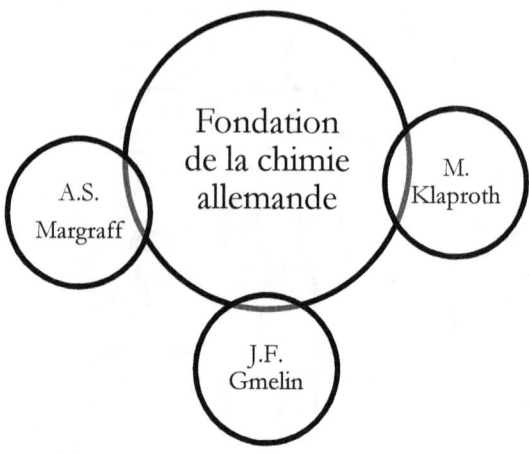

Fondation de la chimie allemande à Berlin

C'est à l'Académie Royale des Sciences de Berlin et à l'Université que l'on peut rencontrer deux des trois mousquetaires de la chimie germanique, Margraff et Klaproth. J.F. Gmelin est quant à lui professeur à Göttingen où enseigna son père avant lui, et sous la direction duquel il soutint sa thèse de doctorat. C'est donc également vers 1750 que la chimie allemande va prendre son essor, trouver de brillants esprits pour en développer l'art et devenir rapidement une concurrente directe et redoutable de la science française. Si celle-ci va tenir le haut du pavé jusqu'en 1840, elle sera ensuite concurrencée par ses enfants d'exception, Liebig et Wöhler en tête, sans oublier un autre Gmelin dont nous ferons également connaissance…

ANDREAS SIGISMUND MARGRAFF
(1709 – 1782)

Parmi les filiations que l'on peut faire entre la chimie moderne et les anciennes disciplines scientifiques existant bien avant elle, la pharmacologie et la minéralogie représentent deux terreaux fertiles où il n'était pas rare de trouver des scientifiques qui allaient devenir chimistes et enseigner la chimie.

Andréas Margraff, fils de pharmacien et futur pharmacien lui-même, se place dans cette descendance. C'est donc tout d'abord dans la pharmacie berlinoise de son père Henning Christian Margraff qu'Andréas découvre son futur métier. Son père qui possède sa propre pharmacie est également professeur au Collegium de Berlin.

A cette même époque c'est le renommé Caspar Neumann qui enseigne au Collegium et possède les honneurs des grandes institutions scientifiques, de la Royal Society à l'Académie Royale de Prusse. Neumann est un concentré de diversité voire de contradictions. Apothicaire de formation, c'est aussi un amateur de Dieu et de l'explication de la vie et de la mort. Pour tenter d'en faire une science, il a relié des études de distributions statistiques des populations au nombre de décès, relation qu'il met en rapport avec la volonté du Créateur ! Voilà comment faire en quelques sorte des mathématiques divines.

Neumann en tant que médecin a parfait ses connaissances auprès du grand professeur de l'université de Leyde, Hermann Boerhaave et son art chimique auprès de Georg Ernst Stahl qui vient de mettre au point une théorie révolutionnaire qui permet enfin d'expliquer la combustion des corps et la libération de lumière et d'énergie qu'ils dégagent, la théorie du phlogistique. Neumann est donc phlogisticien, défenseur du phlogistique, et à l'époque il ne sera pas le seul. Scheele l'utilisera en Suède et Becher fera partie des chimistes qui propageront la théorie en Angleterre où les grands chimistes pneumatiques, Cavendish et Priestley s'en serviront également lors de leurs expériences scientifiques. Margraff qui étudie auprès de Neumann est donc initié et dépositaire de ce savoir.

S'il étudie entre 1725 et 1735 (l'année de son retour à Berlin), c'est pour parfaire durant ces dix années ses connaissances dans les domaines de la pharmacie, de la chimie et de la métallurgie. Après ses études à Berlin et La Halle, Margraff s'occupera de chimie, utilisant le laboratoire de son père (jusqu'en 1752). Tout comme les chimistes qui naissent à cette époque, Margraff va devenir avant tout un excellent expérimentateur comme vont le prouver les découvertes qu'il va faire à partir des années 1740.

En 1743, il s'occupe de l'extraction du phosphore contenu dans l'urine, un élément chimique qui fut découvert en 1659 à la suite des travaux d'Henning Brandt et dont la fabrication avait été améliorée en partie par le chimiste anglais Robert Boyle.

Quelques années plus tard, il réussit une autre amélioration de protocole (1746) pour laquelle, encore une fois, il ne tirera aucune bénéfice financier mais qui va participer à établir sa réputation. A partir d'une poudre rosâtre appelée « calamine », il réussit par chauffage avec du charbon à en réduire les oxydes et à en extraire le métal qu'elle contient, du zinc, sous une forme relativement pure. Dans les mêmes années, des processus identiques et des brevets avaient été déposés en Angleterre et en Suède mais vraisemblablement Margraff est le seul à proposer une explication scientifique du phénomène par réduction et combinaison au carbone :

$$ZnO_2(s) + C(s) = Zn(s) + CO_2(g)$$

Margraff s'intéresse ensuite au bleu de Prusse dont il découvre qu'on peut l'utiliser pour détecter la présence du fer ionique dans l'eau (1751). Ce réactif était synthétisé depuis le début du siècle, vers 1706, et servait comme pigment en peinture. Il devint par la suite une teinture commerciale sous le nom de bleu de Prusse ou bleu de Berlin et allait trouver une utilisation remarquée dans les uniformes de l'armée allemande jusqu'à la Première Guerre Mondiale. Au contact des ions Fe(III), une solution d'hexacyanoferrate de potassium produit un complexe mixte Fe(II)-Fe(III) de couleur bleue :

$$3\,[Fe^{II}(CN)_6]^+ + 4\,Fe^{3+} = Fe^{III}.[Fe^{III}Fe^{II}(CN)_6]_3$$

La variation de la couleur dépendant de la présence des ions Fe^{3+}, il est ainsi possible de les détecter. Margraff vient de mettre au point un test d'identification des ions du fer à la fois coloré et sélectif puisque trois couleurs sont alors perceptibles selon les teneurs en ions Fe^{2+}, Fe^{3+} ou un mélange des deux.

Dans la même veine, Margraff va introduire le test à la flamme (1762) pour détecter le sodium et le potassium dans les sels solides. Si à son époque, il ne peut affirmer qu'il s'agit de nouveaux éléments chimiques, il montre cependant que selon la composition chimique de ces sels, les flammes obtenues sont différentes (jaune, bleue, orange). La chimie analytique et la métallurgie gagnent donc avec Margraff des découvertes et des techniques que l'on utilise encore aujourd'hui.

Appelé à l'Académie des Sciences de Berlin en 1738, il va cependant tout d'abord y enseigner la physique. Puis en

1754, il reçoit un logement de fonction et un laboratoire où il va pouvoir poursuivre ses expériences.

Margraff, que l'on accrédite encore de travaux de découverte sur le magnésium et ses oxydes, s'est également intéressé à la betterave avec laquelle il montre comment l'on peut en extraire le sucre et donc mettre au point un procédé d'obtention de sucre naturel à l'aide d'un autre végétal que la canne à sucre. Vraisemblablement débuté en 1743, les travaux de Margraff sont présentés à l'Académie de Berlin en 1745.

Les travaux sur la betterave gagnèrent l'attention de l'un de ses élèves, Franz Achard (1753 – 1821) qui réussit à mettre au point une usine de production en 1789. A cette époque, Achard est déjà reconnu pour ses compétences scientifiques polyvalentes (il a réussi à acclimater le tabac aux rigueurs germaniques et fut récompensé de cet exploit par le roi Frédéric II qui l'avait en haute estime. Le roi souhaitait connaître à l'avance les découvertes d'Achard).

Si la santé de Margraff semble décliner à partir de 1774, il poursuit néanmoins ses travaux jusqu'à l'année de sa retraite (1781). Margraff décède l'année suivante, son ancien étudiant Achard lui succédant à l'Académie. Héritier de la théorie du phlogistique à laquelle il fut initié par son maître Caspar Neumann, Margraff n'en fera qu'un faible usage, devenant de par ses mesures un maître de l'analyse. Il est à noter qu'en dehors d'Archard, il n'est pas impossible que Klaproth, que nous allons maintenant rencontrer ait également reçu l'enseignement de Marggraf (comme assistant de recherche en 1771). Cependant, si l'on doit reconnaître un héritage de Marggraf à Klaproth, ce sera celui du savoir-faire et de l'usage de la pratique expérimentale pour l'analyse et l'identification des espèces qui préfigure les talents de ce chimiste résolument moderne.

MARTIN HEINRICH KLAPROTH
(1743 – 1813)

Le développement de la chimie moderne en Allemagne est du en grande partie à Martin Klaproth qui démarra sa carrière en tant qu'apothicaire puis assistant en pharmacie dans différentes villes avant de se rendre à Berlin où il travailla sous la tutelle du pharmacien et chimiste Valentin Rose (1736 – 1771) à qui l'on doit la fabrication d'un alliage à faible point de fusion à base de bismuth, d'étain et de plomb.

A la mort de Rose, quatre semaines après que Klaproth ait intégré son laboratoire, celui-ci hérite de la charge de tenir son laboratoire et sa pharmacie en attendant l'émancipation de son fils, Valentin le Jeune. Klaproth officiera donc à faire prospérer les possessions de Rose jusqu'en 1780. C'est à cette date que Klaproth se met à son propre compte, après un mariage fructueux[44] et avant de devenir en 1782 assesseur de l'Ober-Collegium de Berlin.

C'est à cette époque qu'il retrouve parmi les étudiants qui viennent suivre ses cours, Valentin Rose le Jeune, appelé à recouvrer les affaires familiales de son père. Devenu apprenti en pharmacie en 1778, Valentin gagne la direction de la pharmacie de son père en 1785 avant d'en être propriétaire en 1791.

En 1787, Klaproth devient chargé de cours à l'Artillerie Royale de Prusse où il enseigne la chimie. A cette époque, Lavoisier a déjà produit ses réflexions sur le phlogistique et collaboré à la nomenclature chimique de Guyton de Morveau. Klaproth va éprouver les techniques de Lavoisier, vérifier ses résultats et faire partie des rares chimistes allemands à abonder dans le sens de la chimie lavoisienne et à rompre avec la théorie du phlogistique de Stahl et Becher. Convaincu que certaines pratiques chimiques doivent être changées, il accorde une importance particulière aux défauts de masse que l'on attribuait un peu trop abusivement à des incertitudes de matériel.

Dans la chimie d'analyse, il développe des techniques de précipitation d'espèces solubles par réactions sur des bases afin d'obtenir des cristaux fusibles aux points de fusion définis, une technique reprise plus tard pour l'identification des aldéhydes et des cétones par point de fusion des hydrazones qu'elles sont en mesure de former avec la 2,4 DNPH.

---

[44] Klaproth épouse une nièce vraisemblablement fortunée de la famille d'un autre chimiste allemand de renom, Andréas Sigismond Margraff. C'est vraisemblablement grâce à sa dot qu'il peut acheter sa propre pharmacie.

En 1789, il étudie la pechblende dont la composition chimique connue (oxyde de zinc et de fer) est erronée. Utilisant la technique de réduction au carbone, il obtient après traitement une poudre noire qu'il pense être métallique. Klaproth nomme cette terre « urane » en l'honneur de la planète Uranus. Il s'agit en fait d'un oxyde d'uranium (UO_2).

En étudiant le zircon (que l'on appelle encore l'hyacinthe ou la ligure), une pierre semi-précieuse de l'île de Ceylan, il identifie qu'elle contient une terre qu'il nomme « zircone[45] » et qui est en fait un oxyde de zirconium (ZrO_2).

En 1791, les analyses minutieuses de Klaproth sur différents minerais, la rutile et la pechblende, le mettent sur la piste de nouveaux éléments chimiques. Dans la rutile de Hongrie et l'ilménite, Klaproth identifie un oxyde métallique d'un élément nouveau qu'il nomme "titane" en hommage aux Titans de la mythologie grecque. Lorsqu'il se rend compte par ses recherches que cette découverte a déjà été faite en 1791 par William Gregor, il en confirme les résultats et lui en reconnait l'antériorité. Cependant, comme Gregor n'avait pas donné de nom à cette nouvelle terre, il prendra celui de Klaproth. Ainsi donc, l'uranium, le zirconium, le titanium doivent leur nom à Klaproth.

En 1793, il s'attaque à un minerai extrait des mines de Strontian, une mine de plomb située dans un petit village d'Écosse. Hope qui la même année réalise des analyses, confirme celles de William Cruikshank et d'Adair Crawford, eux étant persuadés à la suite de leurs analyses que cette terre contenait plusieurs éléments chimiques. Hope en isole alors la strontiane ($SrCO_3$) que Davy électrolysera en 1808 pour obtenir le strontium. Les travaux de Hope de 1790

---

[45] Sous son nom latin de terre, zircona.

donnent pour Klaproth des résultats similaires.

En 1798, Klaproth va encore faire montre de son talent avec deux découvertes. Il confirme l'existence d'un nouveau métal allié à l'or dans les minerais aurifères de Transylvanie. Cette analyse, faite par Franz von Reichenstein en 1782 était une fois de plus restée orpheline. Klaproth propose d'appeler ce métal « tellure », en hommage à la divinité romaine associée à la terre[46].

La même année, Klaproth talonne l'ancien élève de Fourcroy, Nicolas Vauquelin, dans la découverte du chrome, initiée en 1797 et qu'il isole cette même année 1798.

En 1807, Valentin Rose le Jeune[47] meurt à son tour, laissant ses deux fils, Gustave et Heinrich, orphelins. Klaproth reprendra pour les deux enfants son rôle de tuteur puis de professeur.

En 1810, les travaux de Klaproth ont ouvert la voie à Berzelius et Davy pour isoler à partir des terres qu'il a mises en évidence (on peut maintenant parler d'oxydes selon le mot de Lavoisier), de nouveaux éléments : strontium, tellure, cérium, zirconium, uranium, qui auront depuis les deux dernières décennies du XVIIIᵉ siècle gardé les noms donnés par Klaproth. La renommée de celui-ci n'est plus à faire. Le triomphe de la chimie de Lavoisier est aussi celui de ceux qui l'on suivi tant dans son combat idéologique

---

[46] L'adjectif tellurique possède les mêmes origines.
[47] Valentin Rose est alors crédité de plusieurs découvertes. L'hydrogénocarbonate de sodium (1801), l' insuline (1807) et surtout une méthode de détection d'empoisonnement à l'arsenic qui fut appliquée dans un procès où Klaproth et Rose furent nommés comme investigateurs scientifiques.

contre le phlogistique que dans leur méthodes et pratiques qui leur auront permis de faire des avancées considérables.

Le 15 octobre 1810, le richissime linguiste allemand Wilhelm von Humboldt (son frère n'est autre qu'Alexandre von Humboldt[48]) inaugure l'université de Berlin dont il est le fondateur. A cette époque, Humboldt est au gouvernement. Il crée son université en 1809 et en nomme une partie des professeurs. Durant le premier semestre, seuls 256 étudiants entrent à l'université où Klaproth est nommé en tant que professeur de chimie.

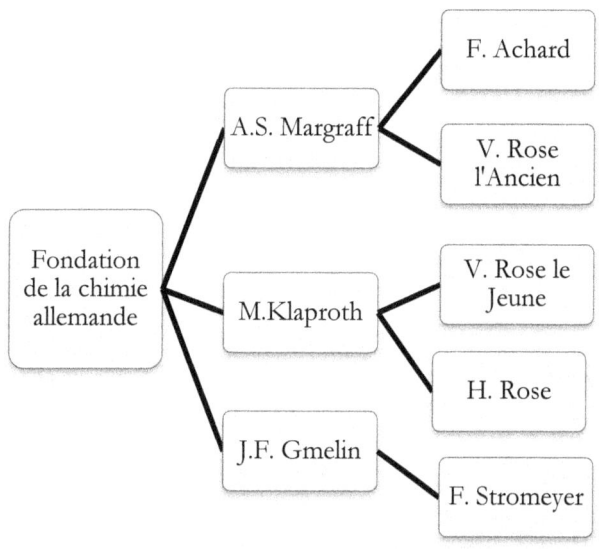

La descendance scientifique de la chimie allemande

---

[48] Voir Les Savants aventuriers, la face cachée des grands inventeurs.

GÉNÉALOGIE SCIENTIFIQUE DE JOHANN FRIEDRICH GMELIN
(1748 – 1804)

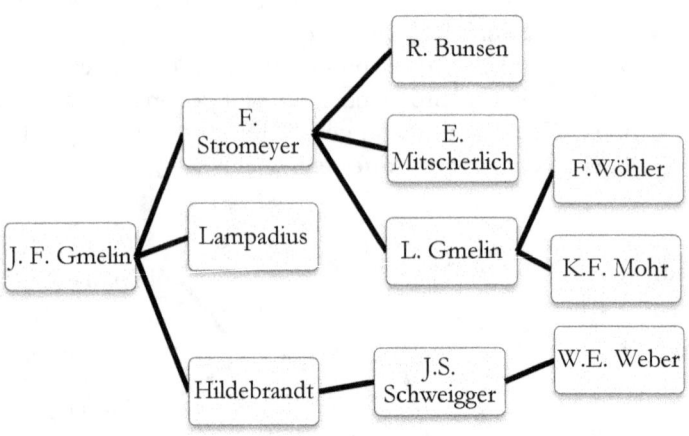

Comme on peut le constater, avec Klaproth, Margraff et Gmelin, de vraies dynasties scientifiques avec un professeur remarquable et nombre d'élèves tout aussi remarquables, se mettent à fleurir. Nous aurons l'occasion de revenir sur une partie de la descendance scientifique et généalogique de la famille Rose et sur celle des Gmelin que nous allons rencontrer maintenant. Afin de suivre le fil de notre histoire, c'est donc sans détour que nous allons nous intéresser à J.F. Gmelin et à ses illustres élèves.

Johan Friedrich Gmelin fut tout d'abord l'élève de Philip Friedrich Gmelin, professeur de médecine à l'université de Tübingen et qui n'était autre que son propre père. Devenu docteur en 1768, Gmelin fils devint l'année suivante professeur adjoint à l'université de Göttingen où l'universalité de ses connaissances le propulsèrent professeur de médecine, de chimie, de botanique et de minéralogie (entre 1773 et 1778) !

Il s'occupe alors de rédiger de nombreux manuels de chimie, de pharmacie, de minéralogie et de botanique qui vont contribuer à instruire et diffuser le savoir en Allemagne dans ces nombreux domaines. Notons que l'importance de ces ouvrages peut s'avérer capitale à tous ceux qui souhaitent apprendre et que certains ouvrages peuvent ainsi devenir des best-sellers. Gmelin qui possède également un laboratoire « privé » ouvert au public (1783) y donnera des cours non officiels. C'est ici que l'un de ses étudiants, Stromeyer, donnera des cours publics.

Parmi les élèves remarquables de Gmelin, il n'est pas vain de citer Georg Friedrich Hildebrandt (1764 – 1816) qui étudia à Göttingen et passa son doctorat sous sa direction (1783). Hildebrandt fut un supporter de la théorie lavoisienne. Il est connu pour une méthode de séparation du cuivre et de l'argent. Son élève, Johann Salomo Schweigger (1779 – 1857) soutint sa thèse de doctorat dans le domaine de la propagation des ondes en physique. Ce diplôme en poche, Schweigger put alors enseigner et il deviendra professeur tant au Gymnasium de Bayreuth qu'à l'école polytechnique avant de devenir professeur à l'université de La Halle. Dans les années 1819 – 1820, Schweigger s'est notamment occupé de physique et d'améliorer le galvanomètre afin de le rendre plus sensible.

Johann Friedrich Gmelin eut également un fils remarquable, Léopold, qui deviendra à son tour professeur de chimie et développera d'importantes théories. Léopold Gmelin qui put donc profiter d'un cadre familial exceptionnel pour faire ses premières armes dans le monde des sciences, fut également l'élève d'un autre étudiant remarquable de son père, Friedrich Stromeyer.

LE CADMIUM DE
FRIEDRICH STROMEYER
(1776 – 1835)

Friedrich Stromeyer est né à Göttingen, la ville où il fit ses études et où il deviendra professeur. Fils d'un père médecin, il se destine tout d'abord à une carrière similaire et étudie donc les « arts » entre 1793 et 1799, devenant assistant de recherche du professeur J.F. Gmelin. En 1800, il passe son doctorat en médecine puis part étudier la chimie à Paris dans le laboratoire de Nicolas Vauquelin (1801). Devenu professeur d'université à Göttingen, Stromeyer utilise le laboratoire de son ancien professeur Gmelin afin d'y donner un cours de chimie expérimentale à ses élèves (1805).

Devenu membre de l'Académie des Sciences de Göttingen (1806), il accueille entre autres comme étudiants Léopold Gmelin (1812) et Eilhard Mitscherlich (1814) qui vont se révéler excellents. C'est cependant durant l'année 1817 qu'il va faire une découverte remarquable en étudiant la calamine. Dans cette pierre qui contient du zinc, Stromeyer détecte quant à lui une impureté qu'il nomme « cadmium » du nom de Cadmos, le nom de la province grecque donnant son nom à la calamine[49]. Stromeyer remarque effectivement que les extraits qu'il étudient sont capables de changer de couleurs sous l'effet de la température, une propriété que ne possèdent pas d'autres échantillons de calamine « pure ».

---

[49] Calamine semble avoir été une dénomination savante de la cadmie, le nom antique que l'on donnait à cette pierre trouvée dans la région de Cadmos où elle abondait près de la ville de Thèbes. La cadmie ou la calamine est un « oxyde de zinc » dont celui de couleur jaune servit à Stromeyer pour son extraction et son isolement du cadmium qui s'y trouvait en impuretés sous la forme de sulfure, CdS.

Après avoir identifié cette impureté qui va porter le nom de jaune de calamine (CdS), Stromeyer se chargera d'en effectuer la réduction afin d'extraire le « Kadmium » de la calamine par une réaction du type :

$$2\ CdS(s) + C(s) = 2\ Cd(s) + CS_2\ (l)$$

Stromeyer travailla également à l'initiation au risque chimique et fut aussi l'un des premiers à préconiser l'usage de l'empois d'amidon pour détecter les traces d'iode, une technique toujours utilisée aujourd'hui en chimie.

Directeur du laboratoire de chimie de Göttingen, il a dans certains ouvrages « l'honneur » d'être présenté comme le prédécesseur à cette place de Friedrich Wöhler qui lui succédera à partir de 1836.

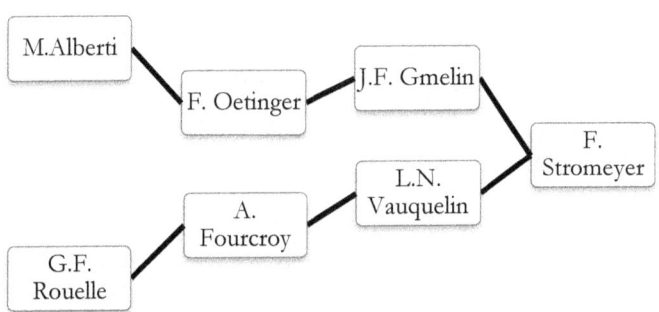

Ascendance scientifique de
Friedrich Stromeyer (1776 – 1835)

Stromeyer dont l'excellence fut finalement d'être « seulement » un bon expérimentateur et un professeur de talent, fut également le professeur de Robert Bunsen dont nous aurons forcément à reparler, puisque tous les deux,

Stromeyer et Bunsen vont devenir des dynaste scientifiques ayant des élèves remarquables.

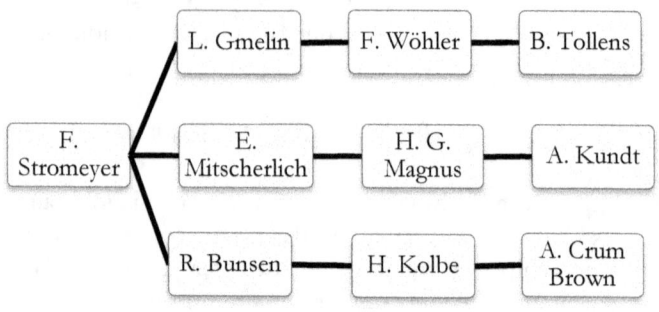

Descendance scientifique de
Friedrich Stromeyer (1776 – 1835)

***

WILHELM AUGUST LAMPADIUS
(1772 – 1842)

Outre Friedrich Stromeyer, J.F. Gmelin reçut un autre étudiant qui allait faire sensation dans les années 1810 par ses inventions remarquables dans le domaine des sciences appliquées, sciences souvent considérées comme technologiques et méprisées mais dont les découvertes révolutionnaient la vie de tous les jours[50].

Lampadius commença sa carrière en pharmacie à Göttingen

---

[50] Si le scientifique n'est pas de noble extraction, ce qui arrive de plus en plus après 1800, il semble que nombre d'entre eux gardent comme preuve de leur noblesse de ne pas s'abaisser à travailler aux sciences appliquées. Gay-Lussac était ainsi mal vu par ses découvertes en génie chimique et Liebig n'aimait guère faire la chimie utile ou devenue « vulgaire »…

entre 1785 et 1791. Ancien élève de Gmelin avant d'aller étudier à Berlin sous la houlette de Klaproth, Lampadius partit ensuite pour la Russie pour un voyage scientifique mais les autorisations lui faisant défaut pour dépasser Moscou et poursuivre jusqu'en Chine, il dut rebrousser chemin jusqu'en Bohème où il est embauché comme chimiste.

Devenu professeur de chimie et de minéralogie (1794) puis professeur ordinaire (1795), il découvre l'année suivante un processus d'obtention du sulfure de carbone (CS_2) par distillation de la pyrite sur le charbon. Lampadius croit alors obtenir du soufre liquide qu'il suppose contenir du soufre et de l'hydrogène[51].

Il s'agit en fait d'une réduction de la pyrite pour en libérer le fer et obtenir un sulfure de carbone plutôt toxique :

$$FeS_2(s) + C(s) = Fe(s) + CS_2(l)$$

Le liquide obtenu qui va révéler posséder des propriétés luminifères remarquables est alors appelé « liqueur de Lampadius. » Un procédé d'obtention plus simple consiste à utiliser du soufre et du charbon « très calciné », mélange que l'on porte à chauffer :

$$4\,C(s) + S_8(s) = 4\,CS_2(l)$$

C'est ce que firent Clément et Desormes montrant la véritable nature du soufre liquide de Lampadius.

---

[51] Les chimistes français Clément et Desormes qui refirent les expériences de Lampadius montrèrent qu'il contenait du charbon et du souffre en réalisant la réaction indiquée ci-dessus.

La liqueur de Lampadius possède des propriétés de dissolution du phosphore et du soufre. Lorsque la liqueur de Lampadius est chauffée à 40 °C et qu'elle contient dissous du phosphore blanc, celui-ci émet de la lumière. Lampadius qui avait découvert ce phénomène en 1796, s'occupa par la suite de métallurgie, un domaine dans lequel son ancien professeur Klaproth jouera de son influence pour lui obtenir un poste. La métallurgie n'étant pas très éloignée des milieux industriels, c'est dans un domaine innovant du début du XIXe siècle que Lampadius va se faire remarquer même si, cette reconnaissance est plus d'importance en Allemagne qu'en France puisqu'il s'agit de la réalisation de lampe au gaz d'éclairage.

Si la paternité est donnée en France à Philippe Le Bon en 1799 et en Angleterre à William Murdoch, Lampadius accroche sur le devant de sa maison une lampe à gaz à charbon en 1811. C'est la première du genre d'Europe. Lampadius n'est pas un nouveau venu dans le domaine : ses travaux sur le gaz de houille remontent également à 1799.

L'année suivante, en 1812, Fréderic-Albert Winsor qui travaille sur le mémoire du gaz d'éclairage de Le Bon depuis 1801, ouvre sa compagnie de gaz d'éclairage en Angleterre là où se trouvent d'importantes ressources de gaz de houille.

Lampadius continuera de son côté son importante carrière. En tant que scientifique polyvalent, il développa des cours de chimie théorique et pratique, appliqués à la métallurgie. Tout comme Lavoisier il posséda d'importantes propriétés agricoles dans lesquelles il étudiait l'évolution des plantes.

A Freiberg, Lampadius a également contribué à l'ouverture d'un cercle d'initiés dont Goethe et Alexandre von Humboldt firent partie de ses visiteurs.

CONCLUSION

Parce que l'essor de la chimie allemande est ensuite contemporain de celui de la chimie française, nous ne présenterons pas tout de suite et plus avant, les grands noms de la chimie germanique. Tout d'abord parce que plusieurs élèves de Klaproth, Gmelin et Margraff vont à leur tour occuper des postes universitaires de premier plan en chimie et se révéler des professeurs et des chercheurs remarquables. Ensuite parce qu'ils seront, plus encore que leurs ainés, des dynastes scientifiques capables de toucher de plus en plus d'étudiants, de les inciter à se diriger vers les sciences et la chimie et qu'ils seront également responsables de leur essor ultérieur. Il y a donc une grande fresque qui débute vers 1800 et se termine aux alentours de 1880 qui représente la chimie allemande avec ses grandes figures, Mitscherlich, Liebig, Wöhler, Gmelin en tête.

Parallèlement à elle, la physique est également présente avec des professeurs et des chercheurs légendaires comme Bunsen, Kirchhoff, et Helmholtz qui seront eux aussi de grands catalyseurs de talents préparant l'ascension de l'école physico-mathématique de Göttingen et de physico-chimie de Berlin.

Tout comme la chimie suédoise poursuit son histoire avec Berzelius, la chimie allemande le fera avec bien des protagonistes dont les illustres familles Gmelin et Rose notamment.

Et donc, avant de poursuivre et afin de garder une certaine chronologie contemporaine dans notre récit, nous allons maintenant évoquer la chimie française avant de partir pour l'Angleterre…

V : LES FONDATIONS DE LA CHIMIE FRANÇAISE

PRÉSENTATION

Pour Charles Wurtz, « la chimie est une science française. Elle fut créée par Lavoisier d'immortelle mémoire ». Si Lavoisier est ainsi considéré comme le fondateur de la chimie moderne, avant lui la chimie existait déjà en France et était notamment brillamment enseignée, selon les avancées de son temps, par les professeurs du Jardin du Roi dont le très célèbre Guillaume François Rouelle qui eut non seulement le tempérament mais aussi l'éloquence et le charisme propres à créer des vocations. Rouelle appartient à la descendance des titulaires de la chaire de chimie et des premiers chimistes théoriciens qui cherchaient à défaire la chimie de ses liens étroits avec l'alchimie. En tant qu'excellent professeur, osons dire que Rouelle eut donc d'excellents élèves : Jean-Baptiste Bucquet et Pierre Macquer, l'un enseignant à l'université de Paris et l'autre à la Faculté de Médecine, feront partie de ces précurseurs qui formeront à leur tour des élèves d'exception. Indiquons que Rouelle sera le professeur de Lavoisier tandis que Bucquet sera celui de Fourcroy.

Car c'est véritablement durant cette décennie, de 1774 à 1784 que va se jouer la transformation chimique passant de la chimie ancienne à la chimie nouvelle et c'est à Paris que vont se concentrer un nombre important de brillants esprits qui, alliés les uns aux autres, vont fonder la chimie moderne.

Plusieurs générations de chimistes vont alors assurer cette transition : Rouelle, Macquer, Bucquet, puis Lavoisier, Fourcroy, Guyton de Morveau, Monge et Berthollet. Viendront ensuite Vauquelin, Thénard, Gay-Lussac, Chevreul et Dumas qui vont développer cette chimie qu'il restera à perfectionner et compléter.

Dans cette fresque importante de l'histoire de la Chimie Française, de Lavoisier à Dumas puis de Dumas à Wurtz et Friedel, un siècle va s'écouler durant lequel la chimie va connaître une véritable explosion et un développement sans précédent. Mais pour arriver à développer des concepts théoriques efficaces, il faut que la chimie puisse réaliser des mesures précises.

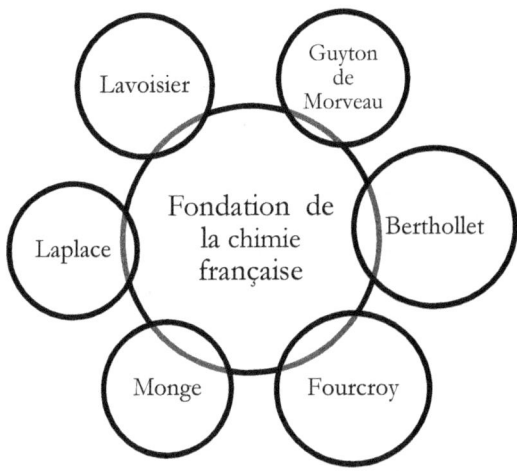

Le constat de Lavoisier aux débuts des années 1770 est simple : la chimie n'est pas assez rigoureuse pour passer de l'état d'art à celui de science. Elle a besoin de mesures efficaces promues par l'usage de la balance, de grandeurs mesurables reliées à ses transformations (dégagement de chaleur, lumière) et d'un langage clair et univoque, la nomenclature, pour le devenir.

Sous l'impulsion de Lavoisier qui recrute ses meilleurs collaborateurs au sein de l'Académie des Sciences, la chimie française voit non seulement le jour, se professionnalise, s'enseigne et se diffuse dans toute l'Europe mais s'impose aussi comme étant la référence plus ou moins bien acceptée dans les pays voisins.

En Angleterre, c'est une double contestation. Tout d'abord parce que Lavoisier reprend une grande part des travaux de Black et Priestley mais aussi du suédois Scheele et ensuite parce qu'on reste sceptique quant à son efficacité puisqu'elle s'oppose à la théorie du phlogistique, communément admise et qui satisfait ceux qui l'utilisent.

En Allemagne, le problème est plus complexe puisque Lavoisier s'en prend directement à la chimie de Stahl, le fondateur de la théorie du phlogistique qui est donc marquée d'un sceau nationaliste dont il est difficile de se déparer. Certains feront cependant ce pas en avant. Que ce soit d'ailleurs en Allemagne ou en Suède. Mais les réactions sont vives, même en France, face à celui qui veut faire tomber le phlogistique pour le remplacer par le calorique[52].

La force de Lavoisier réside dans les idées claires et les expériences sans ambigüités qu'il veut proposer pour étayer ses propos et les valider. Ses mesures sont consignées et

---

[52] La théorie du phlogistique tente d'expliquer le dégagement de chaleur et de lumière lors d'une réaction de combustion. L'hypothèse énergétique avancée est que durant la combustion, l'un des constituants se défait de son association avec une substance impalpable appelé « phlogistique » devant son nom à l'un des fleuves des Enfers décrits par Hésiode, le Phlégéton, fleuve de feu.

La théorie du calorique s'inspire de la théorie du fluide électrique de Benjamin Franklin. Cette substance véhicule la chaleur dégagée lors d'un processus chimique. Elle sépare cependant la réaction de l'énergie qu'elle dégage, ce qui est plus proche des théories actuelles sur l'énergie, un concept qui n'existe pas avant 1800 ; une idée de Thomas Young qui véritablement sera popularisée chez les scientifiques qu'à partir de 1850 par les travaux de Rankine et de Kelvin notamment.

reproductibles. Ses expériences sont faites et refaites devant témoins et donc soumises à expertise. Pour obtenir un appui d'importance et non de complaisance, Lavoisier va donc choisir avec soin ses futurs collaborateurs en profitant de sa position à l'Académie des Sciences où il ne manquera pas d'y nouer des relations professionnelles fructueuses. D'ailleurs des chimistes de talent n'ont pas attendu Lavoisier pour se faire remarquer et faire montre de leurs talents et de leur efficacité.

C'est donc à Paris que l'on peut rencontrer Jean-Antoine Chaptal, chimiste industriel du Languedoc, membre de l'Académie des Sciences, inventeur d'un ciment et d'un colorant rouge capable de rivaliser avec le rouge de Berlin.

Claude-Louis Berthollet est également un nom de la chimie parisienne. Médecin de formation, directeur des Teintures de la Manufacture des Gobelins, il est l'inventeur d'un procédé industriel à décolorer le linge qui va prendre naissance dans le village de Javel sur les bords de Seine et bientôt donner son nom à un produit commercial encore connu de nos jours.

Outre le piémontais Berthollet et le languedocien Chaptal, le bourguignon Bernard Guyton de Morveau est également à Paris. Concepteur d'une nomenclature chimique dès 1782 qui n'a pas eu l'heur de plaire aux académiciens, sa nouveauté jugée peut-être autant inutile qu'originale n'a pas échappé à Lavoisier qui souhaite collaborer avec lui.

Lavoisier va également recruter un personnage de plus en plus en vue à Paris, un ancien dessinateur devenu professeur de physique et de mathématiques, élève de Nollet à Mézières dont il ignore d'ailleurs qu'il va devenir un chimiste métallurgiste indispensable à la Révolution, Gaspard Monge.

Cependant aucun de ces éminents personnages dont certains vont marquer l'histoire même de la France à partir de la Révolution, n'a l'aura de deux autres futurs acolytes de Lavoisier, le physicien et mathématicien Laplace et le professeur de chimie au Jardin du Roi, Antoine Fourcroy.

Si l'on ne présente plus Pierre-Simon Laplace, le scientifique le plus adulé par Napoléon Bonaparte, on ignore souvent que cet astronome, physicien qui s'est intéressé à toutes les branches de la physique aida Lavoisier à mettre au point la calorimétrie entre 1780 et 1782, date à laquelle ils vont développer les concepts de chaleur spécifique et de capacité calorifique, suivant les travaux de Joseph Black datant de 1752.

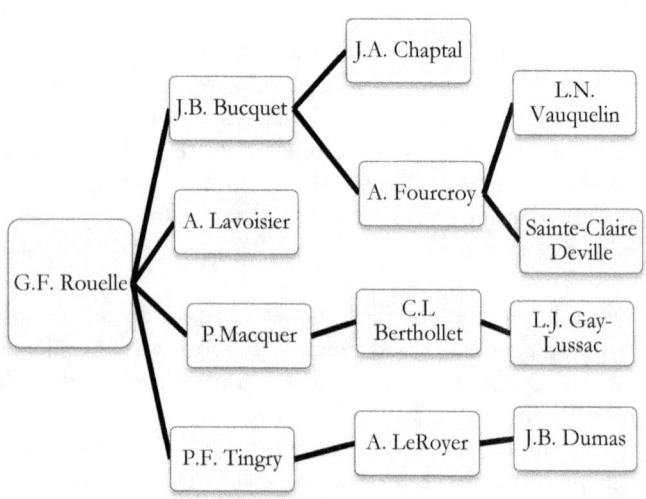

Généalogie scientifique de Rouelle (1703 – 1770)

Quant à Antoine Fourcroy, il est à l'époque connu tant en Angleterre qu'en Allemagne où ses cours au Jardin du Roi ont autant de succès que ses ouvrages. Convaincu à partir de 1785 par les théories lavoisiennes, c'est lui qui va de par son enseignement avoir un impact considérable sur la génération suivante de chimistes qui viendra étudier à Paris, que ce soit au Jardin, à la Faculté ou encore aux Écoles Normale et Polytechnique qui vont voir le jour en 1794.

L'État ne s'y trompera pas. Reconnus durant les dernières années de l'Ancien Régime et durant la Révolution, c'est à l'École Polytechnique que Chaptal, Fourcroy, Guyton de Morveau et Berthollet enseignent les diverses branches de la chimie à partir de 1795, en usant des idées de Lavoisier.

Indiquons encore que ce dernier s'est toujours reconnu comme étant, avec Monge, Guyton, Laplace, Fourcroy et Berthollet, comme étant « une seule et même personne » et son Traité Elémentaire de Chimie résume leurs pensées communes.

Des quatre fondateurs, Lavoisier, fut plus chercheur qu'enseignant, et n'endossera ce rôle que fugacement, vers 1793, au Prytanée, après la fermeture des académies. S'il est sollicité pour l'enseignement et des réformes de l'instruction publique par Talleyrand, sa mort prématurée en 1794 met fin à sa contribution sans égale à la chimie.

Cette courte introduction montre à quel point la richesse de la chimie française va rapidement instruire un grand nombre de nouveautés, expérimentales, techniques, théoriques, grâce à une coopération efficace entre tous ces mousquetaires. De plus, ces grands chimistes possèdent l'appui des institutions, royales tout d'abord puis de celles de la Révolution, du Directoire, du Consulat et de l'Empire. C'est donc une évolution croissante qui se met en place avec ces grands chimistes qui vont accéder à des postes d'enseignement de prestige. Dès lors, à l'instar de Rouelle, Fourcroy va devenir l'un des premiers dynastes scientifiques à engendrer une généalogie importante de chimistes.

ANTOINE FOURCROY
(1755 – 1809)

Antoine Fourcroy est le fils d'un apothicaire dont l'officine fut saisie à la suite d'une ordonnance royale, ce qui plongea sa famille dans la pauvreté. Fourcroy dut commencer très tôt à travailler. A Paris, il vit dans un grenier chez un porteur d'eau, donne des cours à ses douze enfants pour survivre et s'inscrit à la Faculté de Médecine pour y suivre des cours. Arrivé premier à un concours de bourse pour financer ses études, la bourse lui est refusée pour raisons politiques. Finalement accordée, il obtient une licence, un master et un doctorat mais on lui refuse le titre de docteur en médecine et le droit d'enseigner. On lui demande même de recommencer sa thèse.

Ses qualités d'enseignant et de chimiste sont cependant reconnues. En 1780, il achète un laboratoire et ouvre un premier cours privé près de Notre Dame. En 1783, après avoir publié ses Leçons Élémentaires de Chimie, il ouvre un autre laboratoire, rue Bourbonnais, et y donne des cours trois fois par semaine. Fourcroy avait découvert sa passion pour l'enseignement un soir où son professeur à la faculté, Jean-Baptiste Bucquet, lui avait demandé de le remplacer le lendemain matin au pied levé. Fourcroy passa la nuit à travailler ses cours avant de se présenter devant les élèves de son maître Bucquet et de lui faire honneur.

Nommé professeur de chimie par Buffon au Jardin du Roi (1784), sa salle de cours est agrandie deux fois à cause de ses étudiants venant de toute l'Europe. C'est plus de 1 500 personnes qui se pressent dans la salle où Fourcroy enseigne la chimie. Après avoir assisté aux expériences de Lavoisier sur la composition et la décomposition de l'eau (1785), celui-ci est devenu convaincu de la justesse de sa théorie.

Il la défend rapidement (1786) et n'hésitera pas à user de son influence et de sa renommée afin de la faire connaître dans toute l'Europe. Il est aussi des fondateurs de la nomenclature chimique (1787) et en 1792, il assiste dans le petit réduit qui sert de chambre à l'abbé René Haüy à la naissance d'une nouvelle discipline qu'il est en train de créer : la cristallographie.

L'ancien abbé mis à la retraite (1790) avant de reprendre ses cours (1792) veut savoir si ses avancées sur les cristaux et leurs formes géométriques possèdent une véritable base scientifique. Haüy a donc demandé aux mousquetaires, Lavoisier, Guyton de Morveau, Berthollet et Fourcroy de lui donner leur avis[53].

De son coté, Fourcroy s'était intéressé aux propriétés d'un acide utilisé tant au laboratoire qu'en industrie : l'acide

---

[53] Indiquons que Lagrange et Laplace furent au rang des invités également.

sulfurique. Fourcroy s'était ainsi essayé à des mélanges chauffés d'acide sulfurique et d'alcools divers. Il montra alors les propriétés déshydratantes de l'acide sur les alcools avec la formation de composés qui n'étaient autre que des éthers, des esters ou encore de l'éthylène. La plupart de ces résultats, Fourcroy les obtint avec son assistant qui deviendra un grand chimiste spécialisé dans l'analyse, Nicolas Vauquelin. Ensemble, ils développent des techniques inspirées des travaux de Rouelle et de Bucquet. Ils obtiennent ainsi l'acide picrique, étudient l'oxydation du caoutchouc et la synthèse industrielle de l'acide benzoïque.

C'est cependant comme orateur hors pair et donc professeur que Fourcroy est reconnu. C'est donc presque sans surprise que l'on va le retrouver à endosser des responsabilités politiques en lien avec l'enseignement et l'éducation durant la Révolution (1792 – 1799) et le Consulat (1799 -1804).

En 1792, Fourcroy se présente aux élections législatives sur la liste du terrible Marat, l'Ami du Peuple et l'ennemi des savants de l'Académie. Marat qui est assassiné en 1793, c'est Fourcroy qui se retrouve à sa place à la Convention l'année où Danton et Robespierre en tiennent les rênes avec une autorité sanglante. Devenu membre du Comité d'Instruction Public (1793), il retrouve Carnot et Prieur de la Côte d'Or qui l'avaient chargé avec Monge et Berthollet de missions pour la récolte des poudres et salpêtres et de l'étude de la fonte des cloches pour faire l'acier des canons (1792).

Mais cette fois Fourcroy est chargé de l'instruction et d'envisager la suppression des académies, la création de nouvelles écoles, l'élaboration de nouveaux programmes (1793). Il n'a cependant d'autres choix à cette époque que d'assurer les autres députés de ses volontés antiroyalistes sous peine d'arrestation ou d'exécution.

C'est la purge qui commence. Des membres de l'Académie tout d'abord jusqu'à sa suppression pure et simple (1793). La Commission des Poids et Mesures, chargée de créer le mètre, le kilogramme, le franc, perd alors les trois quarts de ses membres avant d'être supprimée. Le Lycée, l'Arsenal sont fermés. Lavoisier est arrêté. Alors que Borda et Haüy tentent d'intervenir, ils sont limogés. Fourcroy fait créer une commission temporaire des poids et mesures et y nomme Lavoisier mais rien n'y fait. Bien qu'on lui accorde quelques libertés pour travailler, Lavoisier est accusé avec les autres Fermiers Généraux. Fourcroy prend la parole en pleine séance du comité de Salut Public, face à Robespierre qui ne s'encombrait de personne. A peine eut il tourné les talons que l'on complote pour l'exécuter. Prieur vient alors le prévenir. Il ne peut rien faire de plus. Lavoisier est exécuté en mai 1794.

A la même époque, Fourcroy joue alors un rôle important à la Convention puisque Carnot, Lamblardie et Monge le chargent de faire le rapport sur la création d'une nouvelle école d'ingénieurs, l'École Centrale des Travaux Publics qui va devenir l'École Polytechnique. Le projet est voté. Fourcroy entre alors au Comité de Salut Public (jusqu'en 1795) puis devient sénateur de 1795 à 1797. Cette même année 1795, il devient membre de la nouvelle Académie des Sciences (que l'on appelle l'Institut) et professeur de chimie à l'École Polytechnique. C'est ici qu'il va enseigner la chimie à de nombreux étudiants dont certains vont assurer à sa suite le développement de la chimie moderne.

En 1799, Napoléon Bonaparte est au pouvoir. Il appelle Fourcroy pour faire partie du Conseil d'Etat de l'Intérieur (il est expert auprès de Bonaparte), nommé directeur du Muséum d'Histoire Naturelle (1800-1801 et 1804-1805) puis Inspecteur Général de l'Instruction Publique (1802–1808). Il crée alors les lycées napoléoniens, le corps enseignant, le corps des professeurs agrégés des lycées, organise la réforme les universités, de l'enseignement en pharmacie et en médecine et participe à la création des programmes scientifiques pour les écoles primaire et secondaire. Nommé comte d'Empire en remerciement de ses efforts (1808) alors qu'il s'attendait à devenir chancelier des universités, il meurt en 1809, de dépit et de fatigue.

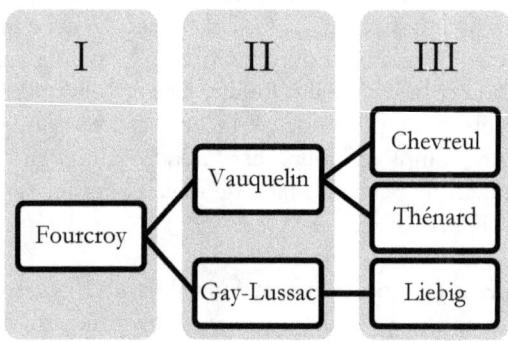

Généalogie scientifique de Fourcroy (1755 – 1809)

Fourcroy est à la base d'une généalogie de grande envergure. Avec Vauquelin et Gay-Lussac, c'est la chimie au Collège de France, à la Faculté et à l'École Polytechnique. Avec Thénard et Chevreul c'est le développement de la chimie inorganique et organique. Enfin avec Liebig, c'est la formation des chimistes à l'international…

LOUIS-JOSEPH GAY-LUSSAC
(1778 – 1850)

Faut-il ne pas parler de l'incontournable Gay-Lussac pour présenter la suite de cette généalogie scientifique de Fourcroy ? Cela semble peu vraisemblable. Peut-on consacrer cependant à ce grand chimiste toute la place qu'il mériterait ici ? Cela a déjà été fait ailleurs et ne ferait qu'alourdir l'idée de notre propos[54]. Indiquons simplement que Gay-Lussac fut un chimiste hors norme, adapté à tous les types de chimie, à tous les niveaux et qu'il fut dans le domaine de l'analyse l'équivalent de ses plus remarquables élèves et admirateurs, Liebig et Berzelius.

Alors que son père le destinait à des études de droit, Gay-Lussac se découvre une passion pour les mathématiques qui lui permet d'entrer grâce à sa réussite au concours à l'Ecole

---

[54] Voir, Les Aventures Explosives de Gay-Lussac dans les Savants Aventuriers ou l'excellente biographie de Maurice Crosland, Gay-Lussac, savant et bourgeois.

Polytechnique (1797) puis de s'intéresser à la physique et surtout à la chimie.

En première année, il suit les cours de Fourcroy et de Vauquelin. En seconde année, il aurait dû avoir Berthollet, Monge et Fourier comme professeurs mais ceux-ci sont partis en Egypte avec le général Bonaparte. A son retour d'Egypte, Berthollet qui vient de faire deux campagnes scientifiques et militaire aux côtés du général (celle d'Italie et celle d'Egypte) demande à être assisté dans ses expériences par un élève de Polytechnique. Le choix est arrêté sur Gay-Lussac qu'il avait rencontré au préalable avant son départ[55].

Sous l'influence de cet ami et ancien collaborateur de Lavoisier, Gay-Lussac va faire de nombreuses découvertes. En physique, ses travaux sur les gaz portent sur les lois de la volumétrie qui permettent de mesurer les volumes qu'occupent les gaz avant et après réaction chimique. Ses travaux lui permettent d'écrire que « tous les gaz et toutes les vapeurs se dilatent également par les mêmes degrés de chaleur (1802) ». Entre 1802 et 1808, Gay-Lussac travaillant la chimie et la physique va découvrir d'autres lois sur les volumes de gaz

Devenu membre de l'Institut (1806), il est chargé de faire partie de nombreuses commissions d'expertise, notamment par son appartenance à l'Académie des Sciences. Avec Carnot, il étudie la fabrication d'un moteur à gaz (O_2 / H_2) (1810). On le charge d'une étude sur le développement du gaz d'éclairage de Gustave Lebon (1824), d'une

---

[55] Ce fut au cours d'un stage dans le laboratoire de Berthollet que Gay-Lussac, travaillant sur le blanchiment du lin à l'aide de l'acide muriatique (qui s'appellera plus tard chlorhydrique) fit bonne impression au savant français.

amélioration de la machine à vapeur (1821), ou de la fabrication de la soude de Leblanc pour les Manufactures des Verres de Saint-Gobain. En 1822, l'État charge l'Académie des Sciences d'établir un rapport sur la disposition des paratonnerres dans tout le pays notamment à la protection des clochers et des manufactures de poudre. C'est Gay-Lussac qui pilote le projet. Sa contribution à l'Académie des Sciences fut non seulement dans l'expertise, l'attribution et l'évaluation des rapports mais aussi à en être le président, ce qui arriva deux fois en 1822 et 1834. Ce fut grâce à son intervention que celle-ci se dota d'Arago comme secrétaire perpétuel après la mort de Fourier en 1830.

En 1813, Chevreul avait réussit à fabriquer du savon à partir de graisse animale et à récupérer les acides margarique, stéarique et oléique. Il avait également réussi à utiliser l'acide stéarique dans la fabrication de bougies moins dangereuses que les chandelles au suif et les bougies à la cire alors utilisées en France. C'est à Gay-Lussac qu'il demande de l'aider à déposer un brevet afin de pouvoir proposer un modèle de fabrication à l'échelle industrielle (1825). Bien qu'il ne remportât aucun succès, ce brevet permit la fabrication et la diffusion des bougies en Europe à partir de 1830.

Du fait de ses compétences nombreuses, Gay-Lussac est recruté à l'Hôtel de la Monnaie, au Service des Poudres de l'Artillerie Royale, au Comité d'Amélioration du Conservatoire des Arts et Métiers et aux Manufactures de Saint-Gobain dont il deviendra même le directeur (1840). A Saint-Gobain, il travaille sur le perfectionnement des procédés industriels de fabrication du verre, des miroirs mais également sur les matière premières comme la soude l'acide sulfurique, la poudre à blanchir, l'acide chlorhydrique, le carbonate de sodium, le sulfate de sodium et le chlorure d'étain. Grâce à la Tour Gay-Lussac qui intervient dans la fabrication de l'acide sulfurique, il optimise le rendement de fabrication et diminue les émanations d'oxyde d'azote, gaz à la fois polluant et nocif (1830).

Du fait de ses nombreux postes dans des domaines différents, Gay-Lussac est confronté à l'analyse et à la nécessité de devoir connaître avec précision les quantités d'espèces afin d'en déterminer la pureté. Il est chargé de rédiger des « instructions », sortes de brochures publiques qui permettent à chacun de savoir comment déterminer la pureté d'un produit : sur l'argent (pour la pièce de 5 francs), sur la soude (pour la fabrication du verre), la potasse, le salpêtre (pour les poudres à canon), l'alcool (pour les taxes), la poudre à blanchir (à partir de laquelle on fabrique la lessive de Berthollet ou Eau de Javel).

Dans le domaine de l'analyse chimique, on doit à Gay-Lussac l'élaboration des premiers dosages volumétriques quantitatifs de précision. Après les polymètres de Descroizilles (1791), c'est avec Gay-Lussac que sont introduits les mots « titrage » et « solution normale »[56] (1824). Capable de réaliser un dosage colorimétrique en deux minutes, il est à l'origine d'une méthode de dosage directe des ions argent (Instruction sur l'essai des matières d'argent par voie humide, 1832), mais aussi de la soude, la potasse, les carbonates grâce à une burette de 50 millilitres à 100 traits et à tube latéral de sa fabrication. Il préconise l'usage d'un indicateur coloré (tournesol du bleu ou rouge) ainsi que d'un papier sous le récipient transparent de dosage. Il estime pouvoir réaliser un titrage avec une précision de 1%. Ceci est dû en partie au fait qu'il

---

[56] On ne parle pas encore de solution ou de solide étalon. Les solutions de référence sont appelées liqueur d'épreuve.

perfectionne de 1820 à 1850 ses modèles de burette et de pipette (la première date de 1824 et la dernière de 1832). La burette de Gay-Lussac sera remplacée à partir de 1855 par le modèle à pince d'arrêt de Karl Friedrich Mohr. Quant à la pipette de Gay-Lussac de 1832 elle est la parfaite représentation du modèle que l'on utilise encore aujourd'hui. Pour les liquides dangereux, il préconise le prélèvement à la poire. Pionnier dans le domaine de la précision, il pense également à peser plusieurs fois et de répéter les dosages afin d'affiner les mesures et les valeurs des titres obtenus.

Outre les solutions basiques qu'il dose à l'aide de l'acide sulfurique concentré (dont la concentration est déterminée par sa densité à 15°C), il dose également le « chlore » de l'eau de Javel avec une solution d'indigo dans l'acide sulfurique (1824) puis avec de l'oxyde d'arsenic dans l'acide chlorhydrique (Nouvelles Instructions sur le chloromètre, 1835). Bien qu'il détermine les titres en volumes de chlore dégagé (à 0°C sous 760 mm de mercure), il préfère parler en masse de chlore contenu, définition que l'on utilise aujourd'hui lorsqu'on parle de chlore actif. Grâce à ses travaux sur la densité et les gaz, il élabore également une méthode de dosage de l'alcool dans les vins et spiritueux, fabrique une sorte de densimètre capable de donner le titre du vin en alcool (c'est le degré que l'on voit sur les bouteilles de vin) et met à disposition des tables de calcul si nécessaire en fonction de la température. (Instructions pour l'usage de l'alcoomètre centésimal, 1824). Outre le vin et l'eau de Javel, l'eau oxygénée et le vinaigre portent aussi des degrés ou des volumes inspirés des travaux de Gay-Lussac.

En 1816, Arago et Gay-Lussac reprennent la tête des Annales de Chimie, dont l'édition et la publication furent confiées en 1789 à Lavoisier, Guyton de Morveau, Fourcroy et Berthollet. Sous l'impulsion des deux savants, la revue devient les Annales de Physique et de Chimie et connaîtra une renommée aussi grande que celle de l'édition de ses glorieux prédécesseurs.

Faisant partie de ces savants apolitiques, donc peu courtisés ou intéressés par le pouvoir napoléonien, Gay-Lussac n'eut aucun souci à poursuivre sa carrière après la chute de l'Empereur et le retour de la Royauté. En 1831, il est d'ailleurs élu député et siège à l'Assemblée Nationale. Si Thénard reçut une partie de ses honneurs du temps de Charles X, c'est sous le règne de Louis-Philippe que Gay-Lussac va connaître sa consécration en politique.

En 1839, il devient Pair de France et siège à la Chambre des Pairs (le Sénat) où il retrouve son ami Thénard (élu en 1832). Il y défend les intérêts de l'industrie dans un contexte économique difficile et choque parfois par ses avis tranchés, notamment sur la condition des fariniers, des ouvriers des filatures ou des manufactures d'étain. De par sa carrière de scientifique en sciences appliquées qui navrait parfois ses collègues académiciens, Gay-Lussac faisait autorité à l'Assemblée et l'on écoutait ses avis avec attention.

En 1848, la troisième révolution française renverse la Monarchie de Juillet (nom donné au gouvernement de Louis-Philippe) et instaure la Seconde République dans laquelle son ami Arago fait partie du gouvernement exécutif provisoire jusqu'à l'organisation des élections présidentielles. Parmi les candidats se trouvent le général Cavaignac qui remplaça Arago à la tête du gouvernement provisoire, le poète Lamartine qui fit également partie de ce gouvernement et un député, Louis-Napoléon Bonaparte. Même s'il vote pour Cavaignac, ce sera le descendant de Napoléon Ier qui sera élu premier président de la République Française. Gay-Lussac se retire à cette époque de la vie politique, il a soixante dix ans.

Gay-Lussac député, sénateur, académicien, professeur à l'École Polytechnique, à l'École Normale Supérieure, à la Faculté des Sciences de Paris, au Muséum d'Histoire Naturelle, consultant à la Direction Générale des Poudres, au Bureau de Garantie de la Monnaie, conseiller puis directeur de Saint-Gobain, meurt en 1850. Il posséda sur la science chimique française et internationale non pas un empire mais une vision multiple face à laquelle il resta principalement pragmatique sachant être une référence dans les domaines qu'il maîtrisait et laissant l'aspect spéculatif de sa disciplines aux autres lorsqu'il ne pouvait en tirer partie.

Indiquons que c'est de sa concurrence et divergence d'opinion avec Davy qu'est née la définition exacte des acides au sens large. C'est aussi de cette émulation qu'est née la découverte de plusieurs éléments qui allaient appartenir à la famille des halogènes. Gay-Lussac qui a fabriqué plusieurs lois en physique est ainsi un contributeur de la loi des gaz parfaits (que l'on écrira bien plus tard mais en s'inspirant de ses travaux) et s'est également interrogé sur les notions de son temps, atome et molécule, entre lesquelles il se garda bien de trancher.

Excellent professeur qui dispensait donc à l'École Polytechnique les cours de chimie les plus avancés de son temps, ceux-ci sont toujours réimprimés aujourd'hui. Enfin, pour finir, indiquons que parmi ses élèves, Théophile Pelouze continua son œuvre en chimie analytique, et que Liebig, fondateur de l'agrochimie et du laboratoire de recherche moderne, s'est lui aussi ouvertement reconnu de la reconnaissance qu'il portait à cet excellent maître.

Auguste Laurent, un des pères fondateurs de la chimie organique moderne, Berzélius, inventeur des symboles des éléments chimiques, Avogadro, qui découvrit la mole, Dumas chimiste et ministre de l'Agriculture du Second

Empire et Berthelot chimiste et ministre de l'Instruction Publique de la Troisième République se reconnaissent également de l'influence de celui qui était à son époque « Lavoisier, Chaptal, Vauquelin et Chevreul en un seul homme. »

**

II	III	IV	V
Gay-Lussac	Liebig	Zinine	Butlerov
		Hofmann	Perkin
	Frémy	Dehérain	Moissan

Généalogie scientifique de Gay-Lussac (1778 – 1850)

Gay-Lussac eut parmi ses élèves deux étudiants d'exception. Edmond Frémy qui sera son successeur (et celui de Pelouze) tant dans le domaine professoral que dans celui de la chimie appliquée à l'industrie auquel il sera fortement attaché et un fervent promoteur. De cette première branche française de sa descendance part également une branche tout aussi illustre qui commence avec un enseignant-chercheur hors norme, Justus von Liebig…

Fin du premier tome…

GÉNÉALOGIES SCIENTIFIQUES

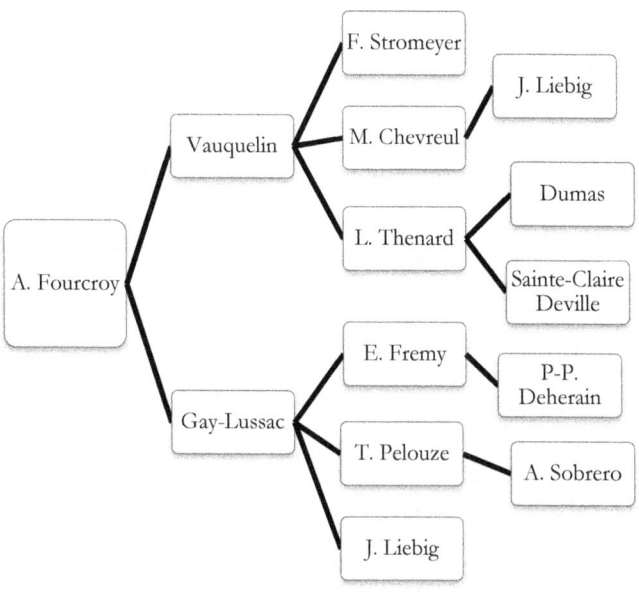

Grande Généalogie scientifique de Fourcroy (1755 -1809)

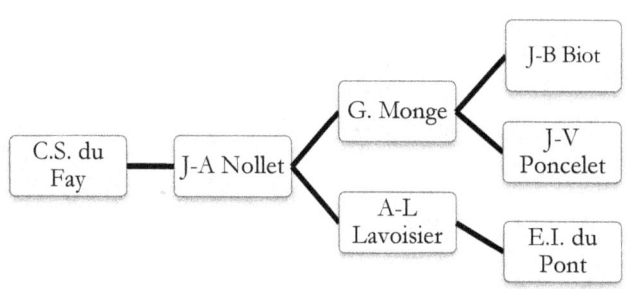

Généalogie scientifique de Cisternay du Fay (1698 – 1739)

BIBLIOGRAPHIE

ARAGO, François. Œuvres Complètes.

BADINTER, Elisabeth, Les passions intellectuelles, t1, Livre de Poche, 2010

BAUDET, Jean, A la découverte des éléments de la matière, Vuibert, 2009

BELHOSTE, Bruno, Paris Savant, Armand Collin, 2011

BENSAUDE-VINCENT, Bernadette, Histoire de la chimie, La Découverte, 2001

BERTHELOT, Marcelin, Notice historique sur la vie et les travaux de M. Chevreul

BLONDEL-MEGRELIS Marika, Quelques aspects méconnus de la personne et de l'œuvre de Charles Gerhardt

BROCK, William, The Chemical Tree : a history of chemistry, W. W. Norton Company, 2005

BROWN, Eric, Traité de chimie organique, Ellipses, 1999

BROWN, Eric, Chimistes de A à Z, Ellipses Poche, 2014

BURNS, Thimothy, Important Figures of analytical chemistry from Germany

CONDORCET, Nicolas, Eloge de Bergman

DELAMETHERIE, Extrait d'un ouvrage de John Mayow

FOURIER, Joseph, Éloge historique de Laplace

GRECIAS, Michel, Physique Sup PCSI,

GRIGNARD, Victor, Traité de Chimie Organique

GUEDJ, Denis, La Révolution des Savants, Découvertes Gallimard, 1988

JACQUES, Eric, Les Savants Aventuriers, Ellipses, 2015

JACQUES, Jean, RAICHVARG, Daniel, Savants et Ignorants, Points Sciences, 2003

JECH, Bruno, Bible de Physique PC-PC*, Ellipses, 2004

KIRWAN, Richard, Essai sur le phlogistique et la combustion des acides

LANGEVIN, Paul, L'œuvre d'Eleuthère Mascart

LECAILLE, Claude, l'Atome chimère ou réalité ?, Vuibert, 2009

LEFORT, Marc, Les constituants chimiques de la matière, Ellipses, 2003

LEICESTER, Henry, Source Book in chemistry, 1900 – 1950, Harvard University Press, 1963

LEICESTER, Henry, a Source Book in chemistry, 1400 – 1900, Harvard University Press, 1963

MAYOW, John, Sur les Airs, Observations et mémoire sur la physique, vol 37, p115-156

MASSAIN, Robert. Chimie et chimistes, Magnard, 1979

MASSAIN, Robert. Physique et physiciens, Magnard, 1979

PAPILLON, Fernand, Introduction à l'étude de la philosophie chimique

PATY, Michel, D'Alembert, Les Belles Lettres, 1998

PRIESTLEY, Joseph, Sur le Passage de la vapeur des acides dans des tubes de terre avec de nouvelles observations relatives au phlogistique, Observations et mémoire sur la physique vol 37, pp35 - 42

SARTORI, Eric. L'empire des Sciences, Ellipses, 2003

SARTORI, Eric. Histoire des grands scientifiques français, Tempus, 2012.

SCHLESINGER, H.I., General Chemistry

Ouvrages spécifiques et encyclopédiques

Svenskt biografiskt lexikon (SBL)

Svenskt biografiskt handlexikon

The Geometrical Lectures of Isaac Barrow, Chicago OCPC, 1916

TABLE DES ILLUSTRATIONS
DANS L'ORDRE ALPHABETIQUE

Couverture : Collection 476, Romanet et Cie, 1890-1900

GÉNÉALOGIES SCIENTIFIQUES

TABLE DES MATIERES

À PROPOS DE L'AUTEUR

Eric Jacques est professeur de chimie et auteur de différentes biographies scientifiques à l'usage du grand public. Ses modèles sont Etienne Klein (Il était sept fois la révolution), Eric Sartori (Chimistes de A à Z) et Eric Brown (Les grands scientifiques français).